T0132935

Johannes Hess
Selen

Historische Wissensforschung
Essay

herausgegeben von
Caroline Arni, Stephan Gregory, Bernhard Kleeberg,
Andreas Langenohl, Marcus Sandl und Robert Suter †

2

Johannes Hess

Selen

Eine Materialgeschichte
zwischen Industrie, Wissenschaft
und Kunst

Mohr Siebeck

Johannes Hess, geboren 1989; Studium der Chemie, Medienkultur und Medienwissenschaft; seit 2018 wissenschaftlicher Mitarbeiter an der Professur für Theorie medialer Welten, Bauhaus-Universität Weimar.

ISBN 978-3-16-156868-8/eISBN 978-3-16-156869-5
DOI 10.1628/978-3-16-156869-5

ISSN 2569-3484/eISSN 2512-0220
(Historische Wissensforschung Essay)

Die Deutsche Nationalbibliothek verzeichnet diese Publikation in der Deutschen Nationalbibliographie; detaillierte bibliographische Daten sind über *http://dnb.dnb.de* abrufbar.

Das Buch wurde von Computersatz Staiger in Rottenburg/N. aus der Minion gesetzt, von Hubert & Co in Göttingen auf alterungsbeständiges Werkdruckpapier gedruckt und gebunden.

Printed in Germany.

Inhaltsverzeichnis

1 Ein Experiment

„The weather was what in common parlance would be termed ‚a dull, cold afternoon‘", stellt Willoughby Smith am Anfang seines Protokolls fest.[1] Dichte, gräuliche Wolken hängen nahezu stationär über dem Londoner Hinterhof, in dem sich Smith zusammen mit einem Assistenten an diesem Nachmittag im Frühjahr 1876 eingefunden hat. Im Westen sammeln sich zudem große Wolkengebilde, die Smith als „the atmosphere generally seen rising from large manufacturing towns" identifiziert.[2]

Das mittelmäßige englische Wetter hält Smith und seinen Mitarbeiter aber nicht davon ab, ein Experiment zu machen. Die Liste der Materialien ist nicht besonders lang: eine Batterie, ein Galvanometer, einige Kabel und eine Kiste mit siebzehn Widerständen aus einem exotischen Material namens Selen (Abb. 1). Nacheinander verbindet Smith die grauen Selenbarren mit dem Stromkreis aus Batterie und Galvanometer. Die Galvanometernadel schlägt dabei umso weiter aus, je mehr Strom durch den Stromkreis fließt. Diese Strommenge wiederum ist abhängig von der Batteriespannung sowie von den Widerständen der einzelnen Selenbarren. Je geringer der Widerstand oder je stärker die Batterie, desto weiter schlägt die

---

[1] Willoughby Smith, *Selenium. Its Electrical Qualities and the Effect of Light Thereon*, London: Hayman Brothers 1877, S. 8.
[2] Smith, *Selenium*, S. 8.

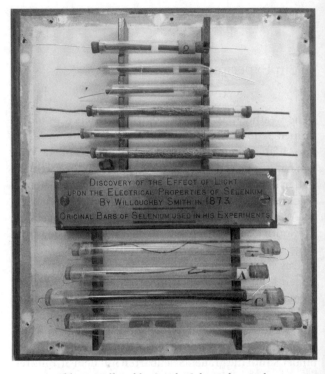

Abb. 1: Willoughby Smiths Selenwiderstände.
Die Widerstände sind jeweils eingefasst in eine Umhüllung
aus Glas und können über Drähte an einen Stromkreis
angeschlossen werden.

Nadel am Galvanometer aus. Doch an diesem Tag hängt
der Ausschlag zusätzlich noch von etwas anderem ab –
nämlich von den Wolken.

„The sun was not visible, but the varying density of
its light, caused by the clouds passing between it and the

bars, was distinctly marked by the alteration in the electrical resistance of the bar under test at the time", protokolliert Smith.[3] Der elektrische Widerstand, muss man wissen, ist abhängig von einer Reihe von Faktoren. Die wichtigsten sind die Art des verwendeten Materials und dessen Dimensionen, also die Form, Länge und Dicke, sowie in viel geringerem Maße die Stromstärke und die Temperatur – das Wetter hatte jedenfalls bislang nicht dazu gezählt. Und dennoch beobachten Smith und sein Assistent, wie das Vorbeiziehen einer Wolke den Widerstand ihrer Selenbarren in nicht geringem Maß verändert.

Um den Effekt zu überprüfen, lässt Smith eine Wettersimulation durchführen: Der Assistent wird damit beauftragt, eine künstliche Wolke aus gekämmter Futterwolle in einer Höhe von zwei Fuß über der Kiste von Norden nach Süden hinwegziehen zu lassen. Und tatsächlich zeigt nicht nur die „Wolke" einen deutlichen Effekt auf die Galvanometernadel; selbst als Smiths Assistent beim Vorbeigehen an der Kiste einen nicht wahrnehmbaren Schatten wirft, wird dieser im Ausschlag der Nadel sichtbar. „Thus the shadow of a man, although not visible to the naked eye, was found to interfere with the mechanical laws which govern the motion of ordinary matter", stellt Smith am Ende seines Protokolls fest.[4]

Dem Elektrotechniker ist diese außergewöhnliche Eigenschaft des Selens bereits drei Jahre vorher, im Jahr 1873, aufgefallen. Das Experiment, das Smith beschreibt, ist der Versuch einer systematischen Untersuchung des Selens und seiner Lichtempfindlichkeit. Bezeichnender-

---

[3] Smith, *Selenium*, S. 8.
[4] Smith, *Selenium*, S. 8.

weise findet er aber in seiner Beschreibung keine Worte
für die Rolle des Selens: Es ist auf der einen Seite der Schatten des Menschen, der sich einmischt oder stört (*interfere*), und es sind auf der anderen Seite die mechanischen
Gesetze herkömmlicher Materie, die dadurch gestört werden. Obwohl also das ganze Experiment eigentlich nur
zum Zweck der Untersuchung des Selens aufgebaut wird,
bleibt es in Smiths zusammenfassender Schilderung der
Vorgänge auf merkwürdige Weise ungenannt.

Einem Medienwissenschaftler im Jahr 2002 fällt hin-
gegen sofort ein passendes Wort ein: Das Selen sei „ein
chemisches Medium", sogar „ein Medium im etymolo-
gischen Sinn, ein Zwischen zwischen Licht und Strom",
schreibt Peter Berz.[5] Ja, die Medienwissenschaft geht
nicht sparsam mit ihrem Leitbegriff um. Und ja, auf ge-
wisse Weise ‚vermittelt' das Selen zwischen Licht und
Strom, indem es Lichtveränderungen in Stromveränderungen übersetzt. Dass Peter Berz hier nicht zögert, das
Prädikat Medium zu vergeben, liegt aber vielleicht weniger am Selen selbst als an einer Mediengeschichte, die das
Selen zu umgeben (man könnte sagen: zu verschlucken)
scheint, und zwar der Mediengeschichte des Fernsehens.

Bisherige historische Betrachtungen des Selens stellen das Material fast ausschließlich in den Kontext einer
solchen Fernsehgeschichte. Dem Selen und der Entdeckung seiner Lichtempfindlichkeit wird nämlich nachge-
sagt, die Entwicklung des Fernsehens überhaupt erst an-

---

[5] Peter Berz, „Bildtexturen. Punkte, Zeilen, Spalten. II. Bildtelegrafie", in: Sabine Flach/Georg Christoph Tholen (Hgg.), *Mimetische Differenzen. Der Spielraum der Medien zwischen Abbildung
und Nachbildung* (Intervalle 5), Kassel: Kassel University Press
2002, S. 202–219, hier S. 212.

gestoßen zu haben. Zahlreiche Fernsehhistoriker lassen ihre Geschichte im Jahr 1873 mit Willoughby Smiths Entdeckung beginnen, denn bereits kurze Zeit später nutzen die ersten Erfinder das Selen, um Bilder aus Licht in telegrafisch übertragbaren Strom zu übersetzen.[6]

Auch beim Lesen einiger zeitgenössischer Kommentare entsteht der Eindruck, mit der Entdeckung der Lichtempfindlichkeit sei das Fernsehen eigentlich schon erfunden. „[T]he discovery of the light effect on selenium carries with it the principle of a plan for seeing by electricity", schreiben zwei Professoren wenige Jahre nach der Entdeckung und Jahrzehnte, bevor ein solcher Plan auch nur ansatzweise zur Verwirklichung kommt.[7] Noch im Jahr 1930 blickt man auf die Jahre nach 1873 zurück und meint, dass „die Erfindungsaufgaben nach der Entdeckung von Smith in der Luft lagen".[8] So haargenau passt das Selen scheinbar zu den Anforderungen eines entstehenden Fernsehens.

Doch zur Erfindung des Fernsehens gehörte mehr, als eine Idee aus der Luft zu greifen. Die Technikgeschichte des Fernsehens ist lang und komplex. Aber die Kommentatoren haben insofern recht, als die Geschichte des Fern-

---

[6] Beispielsweise David E. Fisher/Marshall Fisher, *Tube. The Invention of Television*, Washington D.C.: Counterpoint 1996, S. 9, Russell W. Burns, *Television. An International History of the Formative Years* (IET History of Technology Series 22), London: The Institution of Engineering and Technology 2007, S. 3 oder Alexander B. Magoun, *Television. The Life Story of a Technology*, Westport: Greenwood Press 2007, S. xix.

[7] William Edward Ayrton/John Perry, „Seeing by Electricity", *Nature* 21/547 (1880), 589.

[8] Arthur Korn, *Elektrisches Fernsehen*, Berlin: Verlag Otto Salle 1930, S. 1.

sehens in ihrer Anfangszeit aufs Engste mit dem Selen verbunden ist. Wenn man also das Material Selen von der Fernsehgeschichte her betrachtet, sieht man vor allem ein Medium. Man sieht ein Material, das mit seinen wundersamen Eigenschaften die frühesten Entwicklungen des Fernsehens begründet. Mit dem Selen wird Fernsehen möglich.

Das ist aber nicht die ganze Geschichte. Eine Selengeschichte, die aus der Perspektive der Fernsehgeschichte erzählt wird, wird immer mehr Geschichte des Fernsehens sein als Geschichte des Selens. Diese Arbeit wird dagegen eine eigenständige Geschichte des Selens skizzieren. Eine solche Materialgeschichte des Selens weist zahlreiche Schnittpunkte auf mit andernorts erzählten Geschichten von aufmerksamen Entdeckern, internationalen Technikunternehmungen, schlauen Erfindern, genialen Künstlern und eben den Entstehungsgeschichten neuer Medien. Sie kann aber mit keiner dieser Geschichten zur Deckung kommen. Vielmehr verläuft eine Geschichte des Materials unterhalb von Technik-, Wissenschafts-, Kunst- und Mediengeschichten und stellt Technik, Wissenschaft, Kunst und Medien damit in neue Zusammenhänge. Eine Materialgeschichte lässt sich damit als *nicht-teleologische* Geschichte schreiben, da sie nicht auf eine Entdeckung oder eine Erfindung hin orientiert ist. Gleichzeitig ist sie eine *transversale* Geschichte, da sie quer zu den etablierten Narrativen von Technik, Wissenschaft und Kunst steht.

Aber wie schreibt man eine Materialgeschichte? Erste Ansätze liefert die Wissenschaftsgeschichte. Dort stehen die Instrumente, Apparate und Maschinen der Wissensproduktion schon lange wegen ihrer aktiven Beteiligung an dieser Produktion im Fokus des Interesses.[9] Die Geschichtlichkeit von Praktiken, Apparaten und auch Materialien rückt dabei nicht selten in den Vordergrund. Dadurch entstehen Querverbindungen zu vermeintlich entfernten Gebieten und Diskursen, die klassischen Narrativen einer Fortschrittsgeschichte entgegenlaufen.[10] Für eine Materialgeschichte beispielhaft ist auch die Kritik der Wissenschaftshistorikerinnen Emma C. Spary und Ursula Klein an teleologischen Technikgeschichten, die lediglich einen „winner's account" darstellten.[11] Ihr Gegenvorschlag ist die Verschiebung der Perspektive von erfolgreichen Werkzeugen, Maschinen oder Praktiken hin zu Materialien, wie sie im Sammelband *Materials and Expertise in Early Modern Europe: Between Market and Laboratory* exemplarisch durchgeführt ist.[12]

---

[9] Beispielsweise Bruno Latour/Steve Woolgar, *Laboratory Life. The Social Construction of Scientific Facts*, Beverley Hills: Sage 1979, Karin Knorr-Cetina, *The Manufacture of Knowledge. An Essay on the Constructivist and Contextual Nature of Science*, Oxford/New York/Toronto/Sidney/Paris/Frankfurt: Pergamon Press 1981 und Hans-Jörg Rheinberger, *Experimentalsysteme und epistemische Dinge*, Frankfurt am Main: Suhrkamp 2006.

[10] Beispielsweise Steven Shapin/Simon Schaffer, *Leviathan and the Air-Pump. Hobbes, Boyle, and the Experimental Life*, Princeton: Princeton University Press 1985 und Henning Schmidgen, *Hirn und Zeit. Geschichte eines Experiments 1800–1950*, Berlin: Matthes & Seitz 2014.

[11] Ursula Klein/Emma C. Spary, „Introduction. Why Materials?", in: Ursula Klein/Emma C. Spary (Hgg.), *Materials and Expertise in Early Modern Europe. Between Market and Laboratory*, Chicago: University of Chicago Press 2010, S. 1–23, hier S. 16.

[12] Ursula Klein/Emma C. Spary (Hgg.), *Materials and Expertise in Early Modern Europe. Between Market and Laboratory*, Chicago: University of Chicago Press 2010.

Ein ähnliches Interesse für die Materialität von Apparaten und Instrumenten legt auch die Medienarchäologie
an den Tag. Dort kann eine Materialgeschichte des Selens
vor allem an Siegfried Zielinski anschließen, der sich in
seiner *an-archäologischen* Lesart einer Foucault'schen
Archäologie davon abgrenzt, mit seiner Archäologie
zwingend die Geschichte einer als medialisiert oder di-
gitalisiert angenommenen Gegenwart zu erkunden. Ein
Beispiel für eine solche klassische Archäologie ist auch
Peter Berz' Betrachtung des Selens. Berz interpretiert die
Techniken der Bildtelegrafie und des frühen Fernsehens
als Vorläufer von digitaler Bildzerlegung, die aus Bildern
Texte macht.[13] Was Berz dabei ausblenden muss, ist die
Tatsache, dass diese Technologien gerade durch den Einsatz von Selen absichtlich zu analogen Technologien gemacht werden.[14] Um solche selektiven Lesarten zu ver-
meiden, setzt sich Zielinskis An-Archäologie das Ziel,
„führerlos" (griechisch: *anarchos*) in die Vergangenheit
zu gehen.[15] So wird es möglich, eine Geschichte der Medien zu schreiben, in der auch das eine Rolle spielt, was
kein Medium wurde. „Dead ends, losers, and inventions
that never made it into a material product have impor-

---

[13] Vgl. z. B. Berz, „Bildtelegrafie", S. 203. Ähnlich geht auch
Stefan Rieger vor, siehe Stefan Rieger, „Licht und Mensch. Eine
Geschichte der Wandlungen", in: Lorenz Engell/Bernhard Sie-
gert/Joseph Vogl (Hgg.), *Licht und Leitung*, Archiv für Mediengeschichte 2, Weimar: Universitätsverlag Weimar 2002, S. 61–71.

[14] Vgl. Kapitel 4.3 in dieser Arbeit.

[15] Vgl. Siegfried Zielinski, *Archäologie der Medien. Zur Tiefenzeit des technischen Sehens und Hörens*, Reinbek bei Hamburg:
Rowohlt 2002, S. 46, 40.

tant stories to tell," bemerken Erkki Huhtamo und Jussi Parikka in Bezug auf die Herangehensweise Zielinskis.[16]

Parikka selbst hat Zielinskis Archäologie deshalb auch zum Ausgangspunkt seiner *Geology of Media* gemacht, mit der er die Materialität der technischen Medienwelt in einem erweiterten Kontext von geologischen, ökologischen und kosmologischen Zusammenhängen begreift.[17] Die Materialität der Medien ist dabei oftmals ein entscheidendes Verbindungselement, durch das Parikka seinen Medienbegriff an Umwelt- und Ökologiediskurse anschlussfähig macht. Durch ihre Einbindung in verschiedene Technologien überbrücken Materialien bei Parikka nicht nur tradierte Technikevolutionsgeschichten, sondern vermitteln auch zwischen technischen Endgeräten und der zu ihrer Herstellung notwendigen Rohstoffgewinnung, deren ökologische Folgen die Tendenz haben, hinter den polierten Oberflächen jener Geräte zu verschwinden. Im Anschluss an Donna Haraways *naturecultures* verweist Parikka deshalb mit dem Begriff *medianatures* auf diesen untrennbaren Zusammenhang von Produkt und Material.[18]

---

[16] Erkki Huhtamo/Jussi Parikka, „Introduction. An Archaeology of Media Archaeology", in: Erkki Huhtamo/Jussi Parikka (Hgg.), *Media Archaeology. Approaches, Applications, and Implications*, Berkeley/Los Angeles/London: University of California Press 2011, S. 1–21, hier S. 3.

[17] Jussi Parikka, *A Geology of Media*, Minneapolis/London: University of Minnesota Press 2015.

[18] Vgl. Parikka, *Geology of Media*, S. 4, 13 sowie Jussi Parikka (Hg.), *Medianatures. The Materiality of Information Technology and Electronic Waste*, London: Open Humanities Press 2011.

Die vorliegende Arbeit versteht sich als Ansatz für eine Materialgeschichte des Selens. Neben der Materialität der Medien wird diese Materialarchäologie auch die *Medialität des Materials* freilegen. Zwischen den unterschiedlichen Entdeckungen, Apparaten, Erfindungen und Kunstwerken, die im Folgenden behandelt werden, vermittelt nämlich das ihnen gemeinsame Material und stellt Verbindungen zwischen ihnen her. Diese Freilegung ermöglicht damit einen Blick auf eine eigene Geschichte des Selens, die bislang durch andere Technik- und Wissenschaftsgeschichten verstellt war. Statt einer *Top-down*-Selen-Fernsehgeschichte ist dies also der Versuch einer *Bottom-up*-Geschichte des Materials.

Entscheidend ist dabei auch die Tatsache, dass in dieser Geschichte fast nichts so funktioniert, wie es soll. Die Lichtempfindlichkeit des Selens stellt zwar eine ganze Reihe von einzigartigen Anwendungen in Aussicht, aber deren praktische Durchführung wird meist von unerwarteten und unerwünschten Effekten des Materials vereitelt. Das Leistungsspektrum des Materials scheint etwa vom Stören bis zum Nicht-ganz-Funktionieren zu reichen. Forscher und Erfinder werden dadurch bis an die Grenzen ihrer Leidensfähigkeit getrieben. Das wird ersichtlich, wenn ein Physiker anfängt, Shakespeare zu zitieren:

„O swear not by the moon, the inconstant moon," cried Juliet, and many a seeker for an instrument which could respond to light with unvarying sensitivity must have made a similar exclamation with reference to [selenium] which seems so fitly named after the celestial type of changeability and fickleness.[19]

---

[19] John W. T. Walsh, „Preface", in: George P. Barnard, *The Se-*

Das „wechselhafte" und „launische" Material steht in einem deutlichen Kontrast zu den hohen Erwartungen der Forscher und Erfinder. Eine Materialgeschichte ist also alles andere als eine Erfolgsgeschichte. Gleichzeitig sind es aber oft die Momente der Störung, in denen die Selengeschichte neue Wendungen nimmt. Das wird besonders deutlich an den ‚zufälligen' Entdeckungen des Selens und seiner Lichtempfindlichkeit.

Diese *Entdeckungen* werden im zweiten Kapitel untersucht. Einmal in Form der Entdeckung des Elements durch Berzelius im Jahr 1817 und einmal als Entdeckung der Lichtempfindlichkeit durch Willoughby Smith im Jahr 1873. In beiden Fällen tritt das Selen dadurch in Erscheinung, dass es stört. Während die Verbindung von Smiths Entdeckung zur transatlantischen Telegrafie häufig in den entsprechenden Kontexten referiert wird, zeichnet diese Arbeit zusätzlich eine wenig bekannte Verbindung zum Vorhaben der Standardisierung des elektrischen Widerstands nach, wie sie beispielhaft durch den Wissenschaftshistoriker Simon Schaffer beschrieben wurde. Anhand von Hans-Jörg Rheinbergers Konzept des Experimentalsystems wird anschließend der Zusammenhang von Material, Störung und Entdeckung erörtert.

Was als Störung beginnt, wird im dritten Kapitel zum Gegenstand von Wissenschaft. Forscher setzen sich bald eingehend mit der *Reproduktion* der Lichtempfindlichkeit auseinander. Inwiefern diese Lichtempfindlichkeit dabei ein „Phänomen ohne Bedeutung" bleibt, wie es der Wis-

---

lenium Cell. Its Properties and Applications, London: Constable & Company 1930, S. vii. Das Selen ist nach dem griechischen Wort für Mond (*selene*) benannt.

senschaftsphilosoph Ian Hacking nennt, wird hier zur Debatte gestellt.[20] Denn obwohl man lange Zeit vergeblich an der wissenschaftlichen Erklärung der Lichtempfindlichkeit arbeitet, spielen deren technische Anwendungen bereits früh eine durchaus bedeutsame Rolle. Die Bemühungen der Selenforscher werden daraufhin zum Anlass genommen, nach dem Verhältnis von Wissenschaft und Material zu fragen. Die Selenforschung muss dabei als ein Vorhaben erkannt werden, das sich auf besondere Weise mit einer *material agency* des Selens befassen muss. Diese *agency* wird anschließend anhand von Konzepten von Andrew Pickering, Tim Ingold sowie Gilles Deleuze und Félix Guattari näher charakterisiert.

Das vierte Kapitel präsentiert eine Reihe von *Erfindungen*, die sich die Lichtempfindlichkeit des Selens zunutze machen. Diese Reihe bewegt sich nicht teleologisch auf ein Ziel namens Fernsehen zu und macht gerade dadurch neue Nachbarschaften sichtbar. So wird ein neuer Blick auf das Fernsehproblem möglich, der zeigt, warum Selen so wichtig für die Entwicklung des Fernsehens war und warum es trotzdem mit Selen kein Fernsehen geben kann. Das Ausscheiden des Selens aus der Fernsehgeschichte wird hier anhand des bekannten Fernsehpatents des Helmholtz-Schülers Paul Nipkow näher untersucht.

Das fünfte Kapitel behandelt Entwicklungen in der *Kunst*, die zeitlich etwa parallel zu denen des vierten Kapitels ablaufen. Während Fernseherfinder das Selen zum Material eines „elektrischen Sehens" machen, folgen Künstler dem Selen in einen Bereich jenseits von mensch-

---

[20] Ian Hacking, *Einführung in die Philosophie der Naturwissenschaften*, Stuttgart: Reclam 1996, S. 263 f.

licher Sinneswahrnehmung, der nicht ganz Sehen und nicht ganz Hören ist. Vor allem im Umkreis von Bauhaus und Dada besteht ein Interesse für selenbasierte Apparate, mit denen optische Reize, also Bilder oder Lichtfarben, und akustische Reize ineinander übersetzt werden können. Die Geschichte dieser *Optophonetik* verdeutlicht, wie am Anfang des 20. Jahrhunderts Kunst und Technik ineinandergreifen, besonders auf dem Feld der Selenapparate.

Abschließend wird der vielschichtige Verlauf der Selengeschichte mit seinen transversalen Verbindungen zusammengefasst. Dabei wird klar, dass das Material selbst als ein Medium funktioniert, das in der Lage ist, über Geschichten hinweg zu vermitteln und damit Trennungen wie diejenige zwischen Natur und Kultur infrage zu stellen.

2 Entdeckung

Selen wird nicht nur einmal, sondern zweimal entdeckt. Ein erstes Mal im Jahr 1817 als chemisches Element, das in sehr geringem Anteil in verschiedenen Erzen vorkommt. Danach bleibt das Interesse am Selen lange Zeit so marginal wie sein Vorkommen. Das ändert sich schlagartig im Jahr 1873, dem Jahr der zweiten Entdeckung. Damals stellt der Ingenieur Willoughby Smith fest, dass der Widerstand des Selens von der einfallenden Lichtmenge abhängt. Beide Entdeckungen finden nicht im Labor statt, sondern in einer Schwefelsäurefabrik und in der Küstenstation eines transatlantischen Telegrafenkabels. In beiden Fällen kommt es zu einer Störung dieser technischen Systeme und in beiden Fällen entdeckt man Selen als Ursache dieser Störung. Was ist also der genaue Zusammenhang zwischen technischer Störung und wissenschaftlicher Entdeckung und welche Rolle spielt dabei das Material?

2.1 Die Produktion von Schwefelsäure

„Was für den Mechaniker das Eisen ist, ist für den Chemiker die Schwefelsäure."[21] Mit diesem Vergleich versucht Julius Stöckhardt, dem Leser seiner *Schule der Che-*

---

[21] Julius Adolph Stöckhardt, *Die Schule der Chemie. Oder Erster Unterricht in der Chemie, versinnlicht durch einfache Experimente. Zum Schulgebrauch und zur Selbstbelehrung, insbesondere*

mie die Wichtigkeit der Schwefelsäure zu verdeutlichen. Nicht nur die Maschinen, sondern auch seine Werkzeuge stellt der Mechaniker aus Eisen her, so Stöckhardt weiter. Ähnlich ist es mit der Schwefelsäure, die einerseits selbst zu vielen chemischen Produkten weiterverarbeitet wird und andererseits ein nützliches Werkzeug im Labor ist. Aufgrund ihrer umfassenden Verwendung – zum Beispiel in der Textilindustrie und in der Metallverarbeitung – steigt die Nachfrage nach Schwefelsäure während der Industrialisierung stark an. Das bisherige Produktionsverfahren, bei dem in einem kleinen Glasbehälter Schwefel und Salpeter verbrannt und die entstehenden Dämpfe dann auf Wasser geleitet werden, kann diesen Bedarf nicht mehr decken. Zur Erhöhung des Produktionsvolumens kommen zunächst Verfahren zum Einsatz, bei denen mehrere Glasbehältnisse gleichzeitig zur Produktion verwendet werden.[22] Industrielle Ausmaße nimmt die Schwefelsäureproduktion jedoch erst an, als die kleinen Glasgefäße ersetzt werden. Statt in Gläsern lässt man den Prozess nun in viel größeren, mit säureresistentem Blei ausgekleideten Kammern ablaufen, wodurch das Produktionsvolumen stark erhöht werden kann. Dieses in der Mitte des 18. Jahrhunderts aufkommende *Bleikammerverfahren* markiert für heutige Autor_innen oft den Beginn der chemischen Industrie.[23]

---

für angehende Apotheker, Landwirthe, Gewerbetreibende, Braunschweig: Vieweg 1852, S. 161.

[22] Thomas Richardson/Henry Watts, *Chemical Technology. Or Chemistry in its Applications to the Arts and Manufactures*, Bd. 1, Part III: Acids, Alkalies, and Salts, London: H. Baillière 1863, S. 45.

[23] Vgl. Fred Aftalion, *A History of the International Chemi-*

Zwei Faktoren führen zu einem erneuten starken An-
stieg der Nachfrage nach Schwefelsäure zu Beginn des
19. Jahrhunderts. Einerseits verzeichnet die Textilindustrie im späten 18. Jahrhundert ein extremes Wachs-
tum und hat deshalb immer größeren Bedarf an Schwefelsäure, die sowohl zur Produktion von Farbstoffen als
auch zum Bleichen von Stoffen gebraucht wird.[24] Andererseits wird Schwefelsäure als Rohstoff für das am Ende
des 18. Jahrhunderts aufkommende Leblanc-Verfahren
zur Herstellung von Soda benötigt.[25] Soda wird ebenfalls
für die Herstellung von Farbstoffen und das Bleichen verwendet sowie für die Herstellung von Seifen und Glas.[26]
Der immer weiter steigende Bedarf wird von europaweit
auftauchenden Schwefelsäurefabriken gedeckt, die Roh-
schwefel oder schwefelhaltige Erze in ihren Bleikammern
umsetzen.

Es dürfte also eine lohnenswerte Investition sein, im
Jahr 1816 eine Schwefelsäurefabrik zu kaufen. Umso mehr,
wenn diese spezielle Fabrik aufgrund einer Zwangsver-
steigerung unter ihrem eigentlichen Preis zu haben ist.
Ähnlich muss wohl die Argumentation des Mineralogen Johan Gottlieb Gahn verlaufen sein, als dieser versucht, seinen Freund Jöns Jacob Berzelius zum gemeinsamen Kauf dieser Fabrik im schwedischen Gripsholm zu

---

cal Industry, Philadelphia: University of Pennsylvania Press 1991,
S. 10.

[24] Vgl. Wilhelm Strube, *Der Historische Weg der Chemie*, Bd. 2:
*Von der industriellen Revolution bis zum Beginn des 20. Jahrhun-
derts*, Leipzig: Dt. Verl. für Grundstoffindustrie 1986, S. 134.

[25] Vgl. Strube, *Der Historische Weg der Chemie*, S. 142.

[26] Vgl. David M. Kiefer, „Sulphuric Acid. Pumping up the Volume", *Today's Chemist at Work* 10/9 (2001), 57–58, hier S. 58.

überreden. Berzelius hat aber starke Bedenken. Zu diesem Zeitpunkt ist er bereits ein international bekannter analytischer Chemiker und hat längst eine akademische Laufbahn eingeschlagen. Außerdem hat er sich nach eigener Aussage schon früher an industriellen Unternehmungen „die Finger verbrannt".[27]

Dass er dennoch einwilligt, hat mehrere Gründe. Er hat die Fabrik, die 1800 gegründet wurde und damit die älteste Chemiefabrik Schwedens ist,[28] wohl bereits 1814 besichtigt und konnte so den Zustand und die Probleme der verschiedenen Produktionszweige recht gut einschätzen.[29] Da mit Gahn, ihm selbst und dem Mineralogen Hans Peter Eggertz drei erfahrene Wissenschaftler die Führung der Fabrik übernehmen sollen, hofft er, auf der Basis dieses chemischen Fachwissens die Produktion wieder rentabel zu machen.[30] Nicht zu unterschätzen ist außerdem die enge persönliche Bindung, die er zum viel älteren Gahn aufgebaut hat. Der 70-Jährige steckt Berzelius mit seiner „jugendlichen Lebendigkeit" an;[31] Berzelius bezeichnet Gahn als „the only one of my scientific friends with whom the sympathy and zeal between us never slumbered".[32]

---

[27] Jöns Jacob Berzelius, *Jakob Berzelius. Selbstbiographische Aufzeichnungen*, hg. von Henrik G. Söderbaum, übers. von Emilie Wöhler und Georg W. A. Kahlbaum, Leipzig: Johann Ambrosius Barth 1903, S. 68.

[28] Jan Trofast, „Berzelius' Discovery of Selenium", *Chemistry International* 33/5 (2011), 16–19, hier S. 16.

[29] Vgl. Jöns Jacob Berzelius, *Brevväxeling mellan Berzelius och Johan Gottlieb Gahn (1804–1818)*, Uppsala: Almquist & Wiksells 1922, S. 96 f.

[30] Berzelius, *Selbstbiographische Aufzeichnungen*, S. 68.

[31] Berzelius, *Selbstbiographische Aufzeichnungen*, S. 67.

[32] Berzelius im Nachruf auf Gahn, zitiert nach Carl Gustaf

Im August 1817 verbringt also der neue Fabrikbesitzer Berzelius mehr als einen Monat in Gripsholm, um sich den technischen Problemen der Produktion zu widmen. Eines dieser Probleme betrifft die Schwefelsäureproduktion: Wenn als Rohstoff die schwefelhaltigen Pyrite aus dem schwedischen Falun verwendet werden, setzt sich am Boden der Bleikammern ein unlöslicher, roter Schlamm ab. Um die Verunreinigung künftig zu verhindern, versucht Berzelius die Zusammensetzung des Schlamms in Erfahrung zu bringen. Als Hauptbestandteil ist schnell Schwefel identifiziert, dieser produziert aber keine rote Färbung. Auch Eisenoxid und Arsenverbindungen können ausgeschlossen werden.[33] Beim Abbrennen des Schlamms färbt sich die Flamme hellblau und es „verbreitet sich umher ein so heftiger Geruch nach Meerrettich, dass es hinreicht, 1/50 Gran [ca. 1 Milligramm, Anm. JH] auf diese Art zu verdampfen, um ein großes Zimmer ganz mit dem Geruche zu erfüllen".[34] Berzelius beruft sich deshalb auf die Untersuchungen des deutschen Apothekers Martin Klaproth, der dem Element Tellur diesen spezifischen Geruch beim Abbrennen zuweist. Gahn erinnert sich später, dass er den Meerrettichgeruch auch schon einmal beim Rösten der Erze in Falun wahrgenommen

---

Bernhard, *Through France with Berzelius. Live Scholars and Dead Volcanoes*, Oxford: Pergamon Press 1989, S. 128.

[33] Jöns Jacob Berzelius, „Ein neues mineralisches Alkali und ein neues Metall", *Journal für Chemie und Physik* 21 (1818), 44–48, hier S. 46.

[34] Jöns Jacob Berzelius, „Chemische Entdeckungen im Mineralreiche, gemacht zu Fahlun bei Schweden. Selenium ein neuer metallartiger Körper, Lithion ein neues Alkali, Thorina eine neue Erde", *Annalen der Physik* 59 (1818), 229–254, hier S. 234.

hat.[35] Da Tellur selten ist und noch nie in den Faluner Erzen gefunden wurde, meldet Berzelius seinen Fund bald an einige Fachzeitschriften.[36] Versuche, das Tellur aus dem Schlamm zu extrahieren, schlagen jedoch fehl.[37]

Als Berzelius die Experimente einige Zeit später wieder aufnimmt, kann er abermals kein Tellur finden. Bei Versuchen mit reinem Tellur stellt sich heraus, dass sich dort nur mit ganz anderen Methoden der Geruch von Meerrettich produzieren lässt.[38] Das lässt Berzelius zu dem Schluss kommen, dass sich im Schlamm ein gänzlich neues Element versteckt. Folglich stellt er detaillierte Analysen der Eigenschaften des neuen Stoffs an und schickt seine Berichte an mehrere Fachzeitschriften. Den Namen des neuen Elements wählt Berzelius aufgrund seiner irreführenden Ähnlichkeit mit dem Tellur. Das Tellur ist nach dem lateinischen Wort für Erde, *tellus*, benannt. Das Schwesterelement soll deshalb nach dem griechischen Wort für Mond (*selene*) benannt werden: *Selenium*.[39]

So findet Berzelius also das Selen. Gesucht hat er es aber eigentlich erst im letzten Moment. Davor hat es sich angenähert, ohne dass Berzelius davon wusste. Es schlummert in den Erzminen von Falun, wo es dem nichts ahnenden Johan Gottlieb Gahn bereits in die Nase steigt. Dann

---

[35] Berzelius, „Ein neues mineralisches Alkali und ein neues Metall", S. 46.

[36] Zum Beispiel Jöns Jacob Berzelius, „Titanium and Tellurium in Sulphuric Acid", *Annals of Philosophy* 10/60 (1817), 464.

[37] Berzelius, „Ein neues mineralisches Alkali und ein neues Metall", S. 46.

[38] Vgl. Berzelius, „Chemische Entdeckungen im Mineralreiche", S. 234 f.

[39] Berzelius, „Chemische Entdeckungen im Mineralreiche", S. 235.

schwimmt es als ein unerwünschtes Nebenprodukt in der Schwefelsäureproduktion mit, wo es zum ersten Mal Störfaktor wird, wenn es sich als roter Schlamm absetzt. Selbst als es in Berzelius' Labor durch raumfüllenden Gestank eindrucksvoll seine Präsenz ankündigt, führt es ihn damit noch in die Irre.

In gängigen Erzählungen hat das Selen seine Entdeckung ausschließlich dem hervorragenden Chemiker zu verdanken – „thanks to the curious, analytical, and observant mind of Berzelius".[40] Doch Berzelius' Genie ist eben nur die eine Seite. Auf der materiellen Gegenseite versammeln sich die Erze von Falun mit ihren reichhaltigen Schwefelvorkommen, die Schwefelsäure mit ihren vielfältigen Anwendungen in der Industrie und nicht zuletzt eine problembehaftete Chemiefabrik in Gripsholm, die Berzelius eigentlich gar nicht haben wollte. Alle diese Dinge wirken zusammen und machen dabei etwas wahrnehmbar, was vorher nicht zu sehen war. Diese materiellen Gegebenheiten sind es, die zusammen das Selen wortwörtlich freilegen und es Berzelius als roten Niederschlag präsentieren. Erst dann, in letzter Instanz dank menschlicher Neugier und Verstand, kann sich dieser als Selen offenbaren.

Auch die Fabrik profitiert übrigens von der Entdeckung des neuen Elements. Deren Teilhaber beschließen nach der Entdeckung, ab sofort den schwefligen Selenschlamm vom Boden der Bleikammern zu sammeln und zu verkaufen – „zum Dienste der Liebhaber und wissenschaftlichen Männer", wie Berzelius klarstellt.[41] Er be-

---

[40] Trofast, „Berzelius' Discovery of Selenium", S. 19.
[41] Jöns Jacob Berzelius, „Über das Selenium", *Journal für Chemie und Physik* 21 (1818), 342–344, hier S. 343.

fürchtet aber, dass aufgrund der extrem geringen Mengen „das Selenium ziemlich teuer zu stehen kommt", falls keine anderweitigen Quellen für das Material gefunden werden.[42]

Nachdem die technischen Probleme behoben sind, haben sich in der Fabrik im Jahr 1821 bereits einige Pfund Bleikammerschlamm angesammelt, welche Berzelius nach London überführen und dort verkaufen lässt. Der unaufbereitete Schlamm, „chiefly consisting of sulphur impregnated with Selenium", wird in kleinen Flaschen zu zwei, vier, acht und sechzehn Unzen verkauft. Sechzehn Unzen kosten bereits über ein Pfund Sterling – etwa 100 Euro im Jahr 2018. Dafür ist im Preis ebenfalls Berzelius' Anleitung zur Gewinnung des reinen Selens in englischer Übersetzung enthalten.[43]

Der Selenverkauf macht Berzelius aber nicht reich, im Gegenteil: Die Fabrik brennt im August 1826 ab.[44] Da bis zu diesem Zeitpunkt alle Gewinne reinvestiert wurden, können die Teilhaber durch den Verkauf der Überreste und die Versicherungszahlung lediglich ihr Investitionskapital retten. Berzelius selbst hat jedoch einen Kredit aufgenommen, als er sich in die Fabrik einkaufte, sodass er durch die getätigten Zinszahlungen viel Geld verliert. Die Zinsen seien „zwecklos verloren", schreibt er.[45] Dabei vergisst er, dass er wegen dieser Investition das Selen entdeckt hat.

---

[42] Berzelius, „Über das Selenium", S. 343.
[43] O.A., „Intelligence and miscellaneous articles", *Philosophical Magazine* 57/275 (1821), 228–232, hier S. 228.
[44] Berzelius, *Selbstbiographische Aufzeichnungen*, S. 68.
[45] Berzelius, *Selbstbiographische Aufzeichnungen*, S. 68.

2.2 Die Verlegung von Seekabeln

Der nächste große Moment in der Geschichte des Selens ist die Entdeckung seiner Lichtempfindlichkeit. Dieser Moment fällt mit seiner ersten technischen Nutzung zusammen. Während lange Zeit kaum Forschungen zum Selen angestellt werden, vermutlich aufgrund der geringen verfügbaren Mengen und des hohen Preises, findet es sich im Jahr 1873, scheinbar aus dem Nichts, im Kontext einer der wagemutigsten Unternehmungen des 19. Jahrhunderts wieder, nämlich der Verlegung von transatlantischen Telegrafenkabeln. Dort wird das Selen als Referenzwiderstand eingesetzt, um die verlegten Kabel auf Beschädigungen zu überprüfen. Durch eine weitere Störung macht es die Kabelingenieure dabei auf seine Lichtempfindlichkeit aufmerksam.

„Since the discovery of Columbus, nothing has been done in any degree comparable to the vast enlargement which has thus been given to the sphere of human activity."[46] Das so beschriebene bahnbrechende Ereignis, das den menschlichen Horizont wie kaum ein anderes erweitert haben soll, ist die nach zwei gescheiterten Versuchen erfolgreiche Verlegung des ersten transatlantischen Telegrafenkabels im Jahr 1858. Die Freude und die Horizonterweiterung sind allerdings von kurzer Dauer. Nicht einmal einen Monat oder 400 Nachrichten, nachdem im August eine Verbindung zwischen Irland und Neufundland hergestellt wird, herrscht ab dem 1. September 1858

---

[46] *The Times*, August 6th, 1858, zitiert nach Henry M. Field, *The Story of the Atlantic Telegraph*, New York: Charles Scribner's Sons 1898, S. 1 (unpaginiert).

schon wieder technisch bedingte Funkstille.[47] Zu hohe
Spannungen lassen die Isolation des Kabels versagen, was
schließlich zum Kabelbruch führt.[48]

Der große Enthusiasmus auf beiden Seiten des Atlan-
tiks wird von diesem Misserfolg spürbar gedämpft. Entsprechend lange lässt der nächste Versuch auf sich warten: fast sieben Jahre. Das Kabel der nächsten Expedition
im Jahr 1865 reißt aber ebenfalls kurz vor Neufundland,
fällt vom Schiff und kann aufgrund von Beschädigungen
der Mechaniken nicht wieder geborgen werden. Erst ein
erneuter Versuch im folgenden Jahr legt erfolgreich und
ohne Zwischenfälle die gesamte Strecke von Valentia, Irland, bis nach Heart's Content, Neufundland, zurück.
Dank der neu angefachten Begeisterung ist sogar eine
zweite Mission möglich, bei der das gebrochene Kabel
von 1865 vom Meeresboden gehoben wird und weiter bis
zur Kabelstation Neufundland verlegt wird, sodass nun
im Jahr 1866 gleich zwei Seekabel die irische Küste mit
der neuen Welt verbinden.[49]

Bei der Verlegung eines Kabels über eine Strecke von
über 3000 Kilometern im bis zu vier Kilometer tiefen At-
lantik kann viel falsch laufen – drei gänzlich abgebrochene
Missionen und unzählige geringere Missgeschicke und
Fehlschläge gehen deshalb in die turbulente Geschichte

---

[47] Michael Geistbeck, *Weltverkehr. Die Entwicklung von Schiff-
fahrt, Eisenbahn, Post und Telegraphie bis zum Ende des 19. Jahrhunderts*, Freiburg im Breisgau: Herdersche Verlagshandlung
1895, S. 486. Die tatsächliche Anzahl der verschickten Nachrichten ist umstritten. Vgl. dazu Bern Dibner, *The Atlantic Cable*, Norwalk: Burndy Library 1959, S. 43.

[48] Dibner, *The Atlantic Cable*, S. 43 f.

[49] Vgl. Dibner, *The Atlantic Cable*, S. 72 ff.

der Seekabel ein. Speziell im Moment des Herablassens vom Schiff wird das Kabel oft beschädigt. Im besten Fall werden solche Beschädigungen direkt beim Herablassen festgestellt, damit das Schiff angehalten und das Kabel wieder eingeholt und repariert werden kann. Um also die Funktion des Kabels zu überprüfen, werden sowohl auf dem Schiff als auch an der Küste in kurzen Abständen Kabeltests durchgeführt. Der wichtigste Test überprüft die Isolierleistung der Kabelumhüllung. Diese kann durch mechanische Belastung beim Verlegen brüchig werden, sodass Wasser ans Kabel gelangt. Eine zweite Art von Test überprüft, ob zwischen Küste und Schiff Strom fließen kann, also ob der Kabelkern aus Kupfer intakt ist.

Die entscheidenden Nachteile dieser Tests sind, dass immer nur einer von ihnen durchgeführt werden kann und dass gleichzeitig keine Nachrichten über die Leitung geschickt werden können. Infolgedessen werden die Isolations- und Funktionskontrollen noch während der Expedition von 1865 nach strengen Zeitplänen aufgeteilt: Die erste halbe Stunde jeder Stunde wird gänzlich zur Messung der Isolation aufgewendet, während die zweite halbe Stunde zu je einem Drittel für Funktionskontrollen und zum Senden und Empfangen von Nachrichten verwendet wird.[50] Diese Staffelung bedeutet aber, dass ein etwaiger Schaden an der Isolierung im schlechtesten Fall über eine halbe Stunde unentdeckt bleiben kann, in der die Entfernung zum Schiff immer weiter zunimmt.

Dass dies keine optimale Situation ist, stellt auch Willoughby Smith fest. Smith ist als Ingenieur bei der Gutta

---

[50] Willoughby Smith, *The Rise and Extension of Submarine Telegraphy*, London: J. S. Virtue & Co. 1891, S. 140 f.

Percha Company angestellt. Das gleichnamige Gutta-Percha, ein kautschukähnliches Material aus dem Saft des Guttaperchabaumes, dient als Isolation der Kupferkabel. Die Gutta Percha Company produziert einen Großteil aller Seekabel bis 1866 und ist auch an deren Verlegung maßgeblich beteiligt.[51] Auf der Expedition von 1865 kommt ihm die Idee für ein System, das eine kontinuierliche Überprüfung bei gleichzeitigem Versenden von Nachrichten erlaubt.[52]

Der bisherige Stand der Technik in den Isolationstests geht auf William Thomson, den späteren Lord Kelvin zurück. Thomson schlägt 1857 vor, die Isolierung zum Zweck ihrer Messung als einen sehr großen Widerstand anzusehen.[53] Will man diesen Widerstand messen, muss zunächst das Kabelende an der Küste isoliert werden. Das Kabelende auf dem Schiff wird dann mit einer Batterie von bekannter Stärke verbunden und der ins Kabel fließende Strom wird gemessen. Da das Kabel an der Küste isoliert ist, kann dort kein Strom entweichen. Deshalb ist der gemessene Stromfluss ein Maß dafür, wieviel Strom vom Kabel an der Isolierung vorbei in die Erdung (in diesem Fall paradoxerweise das Meer) fließt – also ein Maß für die Qualität der Isolierung.[54]

Smiths Verbesserung sieht vor, das Kabel an der Küste nicht vollkommen zu isolieren, sondern über einen ex-

---

[51] Massimo Guarnieri, „The Conquest of the Atlantic", *IEEE Industrial Electronics Magazine* 8/1 (2014), 53–67, hier S. 54.

[52] Smith, *The Rise and Extension of Submarine Telegraphy*, S. 141.

[53] Vgl. Fleeming Jenkin, „Submarine Telegraphy", *North British Review* 45 (1866), 241–265, hier S. 246.

[54] Jenkin, „Submarine Telegraphy", S. 253 f.

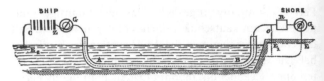

Abb. 2: Schema der Kommunikation zwischen Küste
und Schiff bei der Kabelverlegung. Das Schiff auf der linken
Seite verfügt über eine Batterie Z sowie ein Galvanometer G_1.
Über das Seekabel (A bis B) ist es mit der Küstenstation
verbunden, wo ein großer Widerstand R sowie ein weiteres
Galvanometer G_2 installiert sind.

trem großen Widerstand von bekannter Größe zu erden
(Abb. 2). Dieser Widerstand muss so groß sein, dass das
Schiff einen Isolationstest wie oben beschrieben durchführen kann, ohne dass dessen Ergebnis merklich von einer kompletten Isolation an der Küstenstation abweicht.
Der eingesetzte Widerstand muss also weit größer sein als
der Widerstand der Kabelisolation. Auf dem Schiff wird
dann kontinuierlich ein solcher Isolationstest durchgeführt, indem Strom angelegt und der Stromfluss gemessen wird. Währenddessen kann an der Kabelstation der
Strom gemessen werden, der über den dortigen großen
Widerstand an die Erdung verlorengeht. Dieser Strom ist
extrem klein, da der Widerstand extrem groß ist, doch
ein spezielles, erst kürzlich ebenfalls von Thomson entwi-
ckeltes Spiegelgalvanometer ermöglicht dank seiner hohen Empfindlichkeit auch die Registrierung von Strömen
dieser Größe. Da die Größe des Widerstands bekannt ist,
steht der so gemessene Strom in einem direkten Verhältnis zur bekannten Spannung der Batterie auf dem Schiff
und der Isolierleistung der Ummantelung.

Auf diese Art wird gleichzeitig die Qualität der Isolation und die Funktion des Kabels überprüft. Um gleichzeitig auch noch Nachrichten zu verschicken, soll die jeweils eingespeiste Spannung bzw. der abgenommene Strom moduliert werden. Vom Schiff aus können also mittels kleiner Modulationen der eingespeisten Spannung Signale generiert werden, die an der Küstenstation als Stromveränderungen registriert werden, während die Küstenstation dem Schiff Nachrichten sendet, indem dort Spannung eingespeist oder entnommen wird. Da die Schwankungen in der Spannung klein und von begrenzter Dauer sind, sollen sie nicht mit Beschädigungen der Isolation verwechselt werden können.[55]

Dieses System findet schnell großen Zuspruch und wird bereits im folgenden Jahr auf der Expedition von 1866 eingesetzt. Die Suche nach einem extrem großen Widerstand erweist sich dabei aber als schwierig. Gängigerweise werden große bekannte Widerstände damals mithilfe von Spulen aus Neusilberdraht (*german silver*, eine Legierung aus Kupfer, Nickel und Zink) verwirklicht.[56] Angesichts der Größe des benötigten Widerstands kommt Neusilber als Material aber nicht infrage, da die Spulen zu groß und zu teuer werden würden. Als günstigere Alternative verwendet Smith einen Widerstand, der aus mehreren alternierenden Schichten von Zinnfolie und Gelatine besteht.[57] Ein solcher Widerstand wird von

---

[55] Jenkin, „Submarine Telegraphy", S. 255 f.

[56] William Thomson, „Electric Telegraph", in: *The Encyclopaedia Britannica, Or Dictionary of Arts, Sciences, and General Literature: T – Z*, London: Black 1860, S. 94–116, hier S. 110.

[57] Smith, *The Rise and Extension of Submarine Telegraphy*, S. 310.

Smith während der Expedition 1866 an der Küstenstation
in Valentia eingesetzt.[58]

Auch nach der Verlegung der Kabel arbeitet Willoughby Smith weiter an der Verbesserung seines Systems. Speziell der Widerstand aus Gelatine und Zinn stellt
sich langfristig als unzuverlässig und unhandlich heraus.
Auf seiner Suche nach alternativen Materialien trifft er im
Jahr 1872 auf das Selen: „While searching for a more suit-
able material the high resistance of selenium was brought
to my notice", so Smith.[59] Selen hat bis zu diesem Zeitpunkt in den 55 Jahren seiner bekannten Existenz keine
technische Nutzung erfahren, weshalb es verwundert,
dass Smith gerade jetzt auf dieses seltene und teure Material zurückgreift.[60]

Aus Willoughby Smiths Schilderung geht aber hervor,
dass er nicht der Erste ist, der Selen als elektrischen Widerstand verwendet. Den Namen der Person, die ihn auf
Selen aufmerksam macht, nennt er zwar nicht. Dennoch
lassen sich aufgrund der Seltenheit des Materials begrün-
dete Vermutungen anstellen. Die Spur des Selens führt
dabei zu einer Gruppe von Forschern, die es sich zur Aufgabe gemacht haben, die *British Association Unit of Resistance* (später auch bekannt als das Ohm) zur globalen
elektrischen Maßeinheit für Widerstand zu machen, in-

---

[58] Jenkin, „Submarine Telegraphy", S. 256.

[59] Willoughby Smith, „Letter to the Secretary of the Society of
Telegraph Engineers", *Journal of the Society of Telegraph Engineers*
5/13.14 (1876), 183–184, hier S. 183.

[60] Zum weiterhin hohen Preis von Selen vgl. beispielsweise D.
F., „Newspaper Science", *Nature* 6/134 (1872), S. 60. Dort wird der
Preis von Selen mit drei Schilling für eine Drachme benannt, was
nach Meinung des anonymen Autors/der anonymen Autorin eine
technische Nutzung unwahrscheinlich macht.

dem sie diese Einheit durch einen materiellen Standard
verkörpern.

2.3 Die Standardisierung von Widerstand

In der Tat hängen beide Vorhaben – Kabelverlegung und
Widerstandsbestimmung, Kommunikation und Standardisierung – eng zusammen. Die Kabelverlegung mit ihren Schiffen und Kabelbrüchen liefert jedoch wesentlich
spannendere Geschichten als die Widerstandsbestimmung mit ihren Laboren und Gleichungen, weshalb zu
ersterer Regalmeter voller Heldenerzählungen geschrie-
ben werden, während letztere nur durch einige wissen-
schaftshistorische Fallstudien dokumentiert ist. Doch das
ist nicht der einzige Unterschied. Die Geschichte der Kabelverlegung geht systematisch in nationale Archive ein,
um dort immer wieder ausgegraben und als Erfolgsgeschichte vorgetragen zu werden. Die Geschichte der Widerstandsstandardisierung verblasst dagegen schon, während sie noch im Gange ist. Dieses Vergessen hat System,
wie Simon Schaffer erklärt: „Immense labor had been
performed to achieve the vanishing trick through which
the local practices needed to make standards had simply
disappeared." Diese Arbeit ist nötig, weil ein absoluter
Standard wie das Ohm, um Allgemeingültigkeit – ja „Na-
turgegebenheit" – zu erlangen, nicht den Anschein erwe-
cken durfte, von bestimmten Instrumenten, Techniken,
Personen oder Institutionen abhängig zu sein.[61]

---

[61] Simon Schaffer, „Late Victorian Metrology and Its Instru-
mentation. A Manufactory of Ohms", in: Mario Biagioli (Hg.),
The Science Studies Reader, New York/London: Routledge 1999,
S. 457–478, hier S. 475.

Schaffer rekonstruiert einerseits die Arbeit dieses ge-
zielten Vergessens, aber auch den enormen Produktions-
aufwand, der hinter der heute allgegenwärtigen Widerstandseinheit Ohm steckt. An der Peripherie dieses Kom-
plexes, in den Telegrafenindustrie und wissenschaftliche
Institutionen gleichermaßen eingespannt sind, entsteht,
gewissermaßen als Überschuss, ein Bericht über den
großen Widerstand des Selens. Das Interesse für die Materialität von Leitern und Widerständen bildet tatsächlich
eine wesentliche Überschneidungsfläche der Telegrafie
und der Physik.

„The science of Electricity and the art of Telegraphy
have both now arrived at a stage of progress at which it is
necessary that universally recieved standards of electrical
quantities and resistances should be adopted", schreiben
die Kabelingenieure Latimer Clark und Charles Bright im
Jahr 1861.[62] Eine solche Erkenntnis stellt sich nicht schlagartig ein, sondern entwickelt sich langsam. Dazu trägt vor
allem der Ausfall des ersten Kabels von 1858 bei. Als Reaktion darauf wird nämlich im folgenden Jahr von der
britischen Regierung und der Atlantic Telegraph Company ein Komitee ins Leben gerufen, das sich die technischen Grundlagen von Seekabeln noch einmal von Grund
auf erschließen soll, um daraufhin die Machbarkeit eines
transatlantischen Telegrafenkabels neu zu bewerten.

Latimer Clark ist in diesem Komitee einer der Vertre-
ter der Atlantic Telegraph Company. Der 1861 herausge-
gebene Bericht des Komitees versammelt Anhörungspro-
tokolle von 43 der wichtigsten Geschäftsmänner, Physi-

---

[62] Latimer Clark/Charles Bright, „Measurements of Electrical
Quantities and Resistance", *The Electrician* 1 (1861), 3–4, hier S. 3.

ker und Ingenieure (unter anderem Charles Bright), die zu ihren Unternehmungen und zu ihrer Forschung befragt werden, sowie eine Reihe von Berichten über Versuchsreihen, die das Komitee zusätzlich bei einzelnen Forschern in Auftrag gegeben hat.[63] Das Komitee kommt zu dem Schluss, dass der Ausfall des Kabels von 1858 auf unzureichende Qualitätskontrollen bei der Produktion, Nachlässigkeit bei der Verlegung sowie auf mangelnde Forschung im Vorfeld zurückzuführen ist.[64] Wenn die Ingenieure Clark und Bright also wie oben die Einführung von allgemeinen Standards in der Messung von Stromstärke und elektrischem Widerstand fordern, ist das vor allem vor diesem Hintergrund zu sehen.

William Thomson besteht in seiner Befragung durch das Komitee darauf, dass kein Messapparat bei Produktion und Verlegung komplett sei „without a very well arranged set of coils for standards of resistance".[65] Die Verwendung von solchen Vergleichswiderständen bei der Messung von Widerständen ist seit der Erfindung der Wheatstoneschen Messbrücke die gängige Praxis. Diese erlaubt den Vergleich zweier Widerstände und kann Auskunft darüber geben, ob ein zu messender Widerstand größer bzw. kleiner als oder gleich groß wie ein standardisierter Vergleichswiderstand ist.[66]

---

[63] O.A., *Report of the Joint Committee Appointed by the Lords of the Committee of Privy Council for Trade and the Atlantic Telegraph Company to Inquire Into the Construction of Submarine Telegraph Cables. Together With the Minutes of Evidence and Appendix*, London: G. E. Eyre and W. Spottiswoode 1861.

[64] *Report of the Joint Committee*, S. xi.

[65] *Report of the Joint Committee*, S. 118.

[66] Charles Wheatstone, „An Account of Several New Instruments and Processes for Determining the Constants of a Voltaic

Doch von einem wirklichen *Standard* kann man in Bezug auf die verwendeten Widerstände noch nicht sprechen. Gängige Vergleichseinheiten der Telegrafie sind zu dieser Zeit eine Meile Kupferdraht (Großbritannien), ein Kilometer Eisendraht (Frankreich) und eine Meile Eisendraht (Deutschland). Für die Anwendung in Laboren wären diese Einheiten aber viel zu groß; dort vergleicht man beispielsweise mit Wheatstones eigener Einheit, einem Fuß Kupferdraht von 100 Gran Gewicht.[67] Für den Gebrauch in Labor, Werkstatt oder Fabrik werden für mehrere Abstufungen dieser Einheiten jeweils Spulen aus Neusilber gefertigt, das in seinem Widerstand beständiger gegenüber Temperaturschwankungen ist als Eisen oder Kupfer. Solche Spulensets bilden zusammen mit der Wheatstoneschen Messbrücke den Kern des relativen Messsystems.[68]

Die Alternative zur relativen Messung ist eine absolute Widerstandseinheit, in der sich die Größe eines Widerstands in einer physikalischen Einheit (beispielsweise Ohm) ausdrücken lässt, statt sie als Bruchteil oder Vielfaches eines materiellen Standards anzugeben. Eine solche absolute Einheit hat der deutsche Physiker Wilhelm Weber bereits 1851 aus bekannten physikalischen Größen für Spannung und Stromstärke abgeleitet.[69] Für Wissen-

---

Circuit", *Philosophical Transactions of the Royal Society of London* 133 (1843), 303–327.

[67] Vgl. Fleeming Jenkin, „Report on the New Unit of Electrical Resistance Proposed and Issued by the Committee on Electrical Standards Appointed in 1861 by the British Association", *Proceedings of the Royal Society of London* 14 (1865), 154–164, hier S. 156 f.

[68] Vgl. Thomson, „Electric Telegraph", S. 110.

[69] Wilhelm Weber, „Messungen galvanischer Leitungswider-

schaftler ist Webers Einheit gut geeignet, da sich die Ergebnisse einer Messung direkt auf andere elektrische und magnetische Größen sowie auf Leistung und Arbeit beziehen lassen. Für Telegrafeningenieure ist sie aber unpraktisch, da Webers Messmethoden schwer durchzuführen sind und nur ungenaue Ergebnisse liefern. Für die telegrafietechnische Praxis kommt nur der Vergleich mit materiellen Standards infrage, da dieser schnell und einfach durchzuführen ist und konsistente Ergebnisse liefert.[70]

Nun kommt es entscheidend darauf an, das absolute und das relative System zusammenzuführen, und zwar in Form eines materiellen Standards. Dieser müsste ein einfach zu reproduzierender Referenzwiderstand sein, der einen konstanten Widerstand von einer absoluten Einheit oder einem Vielfachen davon aufweist. Bisher fehlt dem absoluten System ein solcher materieller Standard.

1861 wird von der British Association for the Advancement of Science ein weiteres Komitee einberufen, das sich der Lösung dieses Problems widmen soll. Das Committee on Electrical Standards will sowohl Ingenieure als auch Wissenschaftler zufriedenstellen, weshalb es zwei Fragen gleich gewichtet: „What would be the most convenient *unit* of resistance?" und „What would be the best form and material for the *standard* representing that unit?"[71]

---

stände nach einem absoluten Maasse", *Annalen der Physik* 158/3 (1851), 337–369.

[70] Vgl. Bruce J. Hunt, „The Ohm Is Where the Art Is. British Telegraph Engineers and the Development of Electrical Standards", *Osiris* 9 (1994), 48–63, hier S. 55.

[71] Fleeming Jenkin (Hg.), *Reports of the Committee on Electrical Standards. Appointed by the British Association for the Advancement of Science. Reprinted by Permission of the Council*, London, New York: E. & F. N. Spon 1873, S. 1.

Man einigt sich schnell darauf, als Einheit ein Vielfaches von Webers Einheit zu verwenden, da deren einzige prinzipielle Schwäche ihre sehr kleine Größe ist. Die Einheit wird *British Association Unit of Resistance*, kurz BA, genannt und ist zehn Millionen Mal so groß wie Webers Einheit. Sie hat damit sowohl für die Anwendung im Labor als auch am Telegrafenkabel eine geeignete Größe.[72]

Die Frage nach dem Standard, der diese neue Einheit verkörpern soll, bleibt etwas länger unbeantwortet. Schließlich produziert das Komitee aber im Jahr 1865 einen Standardwiderstand von einem BA, bestehend aus einer Platin-Silber-Legierung, den Ingenieure und Wissenschaftler beim Komitee selbst käuflich erwerben können.[73] Dieser Standardwiderstand ist das Produkt von mehreren Jahren aufwendiger, staatlich geförderter Laborarbeit, in der Wissenschaftler des Komitees große Mengen von Daten über die Widerstände von verschiedensten Metallen und Legierungen sammeln sowie über den Einfluss, den verschiedene Temperaturen, Bearbeitungsmethoden und Verunreinigungen darauf haben können.[74]

Im Rahmen dieser Forschung untersuchen die Wissenschaftler des Komitees auch exotische Materialien wie Selen. Im fünften Report des Komitees von 1867 wird berichtet, dass der Ingenieur Charles Hockin mit

---

[72] Jenkin, *Reports of the Committee on Electrical Standards*, S. 5.

[73] Fleeming Jenkin, „Electrical Standard", *Philosophical Magazine* 29/195 (1865), S. 248.

[74] Vgl. dazu auch Hunt, „The Ohm Is Where the Art Is" und R. T. Glazebrook/L. Hartshorn, „The B.A. standards of resistance, 1865–1932", *The London, Edinburgh, and Dublin Philosophical Magazine and Journal of Science* 14/92 (1932), 666–681.

dem Selen ein Material gefunden hat, das sich hervorragend für die Herstellung von sehr großen Widerständen eignet: „He finds that resistances of one million [BA] units and upwards can be made of this material, and that these artificial resistances maintain a sensibly constant resistance".[75] Da die Herstellung von Widerständen dieser Größenordnung bislang sehr teuer sein konnte, wird auch in wissenschaftlichen Zeitschriften von Hockins Entdeckung berichtet.[76]

Doch vermutlich muss Willoughby Smith vom Selen nicht durch Berichte oder Artikel erfahren, denn er ist persönlich mit Hockin bekannt: Die beiden arbeiten bei mehreren Projekten zusammen. Sie sind zum Beispiel beide an der Verlegung des Transatlantikkabels von 1866 beteiligt, bei der sie zusammen den ersten Test des Kabels durchführen.[77] Etwa zur gleichen Zeit verleiht Willoughby Smith eine große Widerstandsspule von einer Million BA an Hockin und James Clerk Maxwell für deren Experimente.[78] Die Information über Selen als Mate-

---

[75] Jenkin, *Reports of the Committee on Electrical Standards*, S. 138.

[76] Siehe Samuel E. Phillips, „On a simple method of constructing high electrical resistance", *Philosophical Magazine* 40/264 (1870), 41.

[77] Smith, *The Rise and Extension of Submarine Telegraphy*, S. 235.

[78] James Clerk Maxwell, „On a Method of Making a Direct Comparison of Electrostatic with Electromagnetic Force; With a Note on the Electromagnetic Theory of Light", *Philosophical Transactions of the Royal Society of London* 158 (1868), 643–657, hier S. 644. Zu Maxwells Rolle in der Widerstandsstandardisierung vgl. auch weiterführend Simon Schaffer, „Accurate Measurement is an English Science", in: M. Norton Wise (Hg.), *The*

rial für große Widerstände kommt also vermutlich von Hockin oder aus seinem Umfeld.

Es zeigt sich also, wie aus der Perspektive der Materialgeschichte zwei vermeintlich ferne Gebiete, nämlich Telegrafie und Metrologie, auf einmal sehr nahe beieinander liegen, verknüpft durch eine direkte materielle Verbindung in Form des Selenwiderstands. Sie zeigt die Kontexte für den Umgang mit dem Material auf, die weder eine Geschichte der Tiefseetelegrafie noch eine Geschichte der Standardisierung von Widerstand allein in vollem Umfang nachzeichnen könnten.

2.4 Die Störung eines Messapparats

Um den Widerstand von Selen auf die Probe zu stellen, trägt Willoughby Smith seinem Assistenten Joseph May auf, eine Kabelverlegesimulation durchzuführen. Obwohl gerade kein Kabel verlegt wird, soll May das gesamte System der Messapparate aufbauen und die Angestellten der Küstenstation zur „shore duty" abstellen.[79] Beim folgenden Probelauf des Messsystems kann Selen zunächst nicht überzeugen. Der Widerstand ist zwar hoch, aber scheinbar nicht konstant, denn verschiedene Mitarbeiter geben unterschiedliche Ergebnisse zu Protokoll. „The early experiments did not place selenium in a very favourable light for the purpose required", berichtet Smith.[80] Dass das Licht, in dem der Selenwiderstand platziert wird, eine

---

Values of Precision, Princeton: Princeton University Press 1995, S. 135–172, hier S. 149.

[79] Smith, „Letter to the Secretary", S. 184.

[80] Willoughby Smith, „The Action of Light on Selenium", *Journal of the Society of Telegraph Engineers* 2/4 (1873), 31–33.

durchaus entscheidende Rolle spielt, fällt schließlich dem Assistenten May auf: Er bemerkt, dass der am Kabel gemessene Stromfluss bei starker Beleuchtung des Referenzwiderstands höher ist als im Dunkeln. Daraus schließt er, dass das Selen bei Licht einen geringeren Widerstand hat als im Dunkeln.

Damit zeigt das Selen zum ersten Mal, was es bisher verbergen konnte: Ein Stück graues Selen ist in der Lage, seinen Widerstand in Abhängigkeit von der einfallenden Lichtmenge zu verändern. Das Selen offenbart diese besondere Veränderlichkeit genau an jenem Ort, an den es gestellt wird, um seine Unveränderlichkeit unter Beweis zu stellen. Was Hockin und Smith eigentlich wollen – was der gesamte Komplex der Seekabelverlegung und der Standardisierung von Widerständen eigentlich will –, sind unveränderliche Materialitäten. Ein Seekabel soll so, wie es ins Meer geht, für immer bleiben, um unverändert seinen Dienst zu tun. Genauso soll ein einmal kalibrierter Widerstand sich nie verändern, damit er weiterhin für die Genauigkeit von Messungen einstehen kann. Smiths Apparat, der beide Unternehmungen verbindet, soll die Konstanz des Widerstands nutzen, um eine Veränderung im Kabel festzustellen. Wie sich aber herausstellt, ist es mit demselben Messsystem ebenfalls möglich, die relative Konstanz des Kabelwiderstands zu nutzen, um die Veränderlichkeit des Selenwiderstands festzustellen. Diese Umkehrung von Referenzgröße und Messgröße ist eigentlich eine Störung des Messinstruments, doch genau diese Störung ermöglicht die Entdeckung der Lichtempfindlichkeit.

Sowohl in der Schwefelsäureproduktion als auch in der Telegrafie sind die Momente, in denen sich das Selen

bemerkbar macht, Störungen der umgebenden technischen Prozesse. Warum ist das so? Vieles spricht dafür,
dass es sich hier nicht um einen ‚Zufall‘, sondern eher um
den Normalfall von wissenschaftlichem Erkenntnisge-
winn handelt. Das macht besonders Hans-Jörg Rheinberger in seiner Theorie der *Experimentalsysteme* deutlich.
In Bezug auf Rheinberger könnte man nämlich sagen,
dass aus dem technischen System der Widerstandsmes-
sung im Moment der Störung ein Experimentalsystem
wird. In diesem wird mit den unvorhergesehenen Widerstandsschwankungen das produziert, was Rheinberger
ein *epistemisches Ding* nennt. Epistemische Dinge seien
„die Dinge, denen die Anstrengung des Wissens gilt“, so
Rheinberger.[81] Dass es in diesem Fall keine auf das Selen
bezogene wissenschaftliche Fragestellung und damit auch
keine im strengen Sinne wissenschaftliche Anstrengung
gab, soll erstmal nicht verwundern, denn ansonsten sind
alle Produktionsbedingungen erfüllt.

Man benötigt zunächst ein umfangreiches technisches
System, das einen geeigneten Rahmen für die Entstehung
des epistemischen Dings liefert, indem es dieses „ein-
fasst“.[82] Das leistet ein technisches System hauptsächlich
dadurch, dass es „*Identität*“ produziert.[83] Am besten stellt
man sich dabei standardisierte Messapparate vor, die zuverlässige, vergleichbare Ergebnisse liefern – am besten

---

[81] Rheinberger, *Experimentalsysteme und epistemische Dinge*,
S. 27.

[82] Rheinberger, *Experimentalsysteme und epistemische Dinge*,
S. 29.

[83] Hans-Jörg Rheinberger, *Experiment, Differenz, Schrift. Zur
Geschichte Epistemischer Dinge*, Marburg an der Lahn: Basilisken-Presse 1992, S. 71.

stellt man sich die Kabelstation in Valentia mit ihren standardisierten Widerständen vor.

Für ein Experimentalsystem fehlt dann noch der Faktor des Neuen: „*Differenz*". Diese Differenz nimmt bei Rheinberger die Form eines „beschränkten Rauschens" an.[84] Um dieses Rauschen in das technische System einzuführen, muss die Zusammenstellung von technischen und Wissenschaftsobjekten ein Stück weit „gebastelt", also auf eine „*nicht-technische*" Art und Weise zusammengestellt sein, so Rheinberger.[85] Diese Zusammenstellung führt zu unvorhergesehenen Effekten, und Neues entsteht.

Das Neue wird aber eingefasst oder „beschränkt" durch das umgebende technische System. Erst diese „Fassung" erlaubt es, das entstehende Neue in Bezug zum festen Rahmen des technischen Systems zu setzen und dadurch zu behandeln und zu untersuchen.[86] Neues ohne technisches System wäre schlicht Rauschen, und ein technischer Rahmen ohne Rauschen wäre einfach ein technisches System. „Wenn Forschungssysteme zu starr werden," schreibt Rheinberger, „verwandeln sie sich in Testanlagen".[87]

Wie kommt also das Rauschen in die Testanlage an der irischen Küste? An der Küstenstation in Valentia sind nämlich nur Ingenieure beschäftigt, die kein Interesse daran haben, wissentlich oder unwissentlich einen

---

[84] Rheinberger, *Experiment, Differenz, Schrift*, S. 72.

[85] Rheinberger, *Experiment, Differenz, Schrift*, S. 72, Hervorhebung JH.

[86] Vgl. Rheinberger, *Experiment, Differenz, Schrift*, S. 70.

[87] Rheinberger, *Experimentalsysteme und epistemische Dinge*, S. 98.

nicht-technischen Apparat zu „basteln". Im Gegenteil: Sie sind einzig und allein an der Herstellung von *Identität* interessiert und ergreifen alle nötigen Maßnahmen, damit Kabel und Widerstände so bleiben, wie sie sind. Womit sie nicht rechnen – und nicht rechnen können –, ist die Materialität des Selens. Nur eingefasst vom technischen System kann das Selen seine unvorhersehbare Differenz zum Ausdruck bringen. Diese entscheidende Andersartigkeit wird erst als Fehlleistung einer Identitätsproduktion wahrnehmbar. Auch das Auftauchen des Selens in der Schwefelsäurefabrik in Gripsholm ist auf das Rauschen seiner Materialität zurückzuführen. Sein Vorhandensein im Faluner Schwefelerz zusammen mit seiner Eigenschaft, sich in Schwefelsäure nicht auflösen zu lassen, steht quer zu den industriellen Prozessen der identitätsorientierten Schwefelsäureherstellung – aber nur innerhalb dieser Prozesse sammelt sich genug Selen an, um überhaupt aufzufallen.

Dabei ist seine eigene Materialität das Nicht-Technische, das für seine Emergenz innerhalb der technischen Systeme notwendig ist. Um technische Systeme für das Experiment zu nutzen, müssen Ingenieure und Wissenschaftler bei Rheinberger absichtlich „nachlässiger" arbeiten, wie er unter Rückgriff auf Max Delbrück empfiehlt.[88] Das auf diese Weise hergestellte Nicht-Technische ist also auf der Ebene der Nutzung und der Zusammenstellung von technischen Objekten angesiedelt, also auf der Ebene des Menschlichen. Die Geschichte der Entdeckungen des Selens zeigt aber, dass das Nicht-Technische auch vom

---

[88] Zitiert nach Rheinberger, *Experimentalsysteme und epistemische Dinge*, S. 95.

Material ausgehen kann. Sie zeigt, dass Materialien nicht vollkommen in der Technik aufgehen. Ihre Materialität unterläuft und destabilisiert dann die Technik in ihrer Funktion. Auch diese Momente der Störung können, wie im Fall des Selens, Neues hervorbringen.

Weder das Selen noch seine Lichtempfindlichkeit werden also in einem Labor entdeckt. Das Selen wird nicht systematisch mit speziell darauf ausgelegten Instrumenten und Aufbauten gesucht oder untersucht. Die Entdeckungen verbinden sich auch nicht mit der analytischen Suche nach neuen Elementen, einer Theorie des Lichts oder der Elektrizität. Der direkte Kontext der Entdeckungen ist kein wissenschaftlicher. Das macht möglicherweise die ‚Zufälligkeit' dieser Entdeckungen aus, die in so vielen historischen Darstellungen herausgestellt wird. Stattdessen kommen die Entdeckungen des Selens aus dem Kontext technischer Anwendung: Die wachsende Schwefelsäureindustrie, die hochempfindlichen Galvanometer der transatlantischen Telegrafie und die Standardisierungsbestrebungen der britischen Elektrik bilden ein ungeheures technisches Instrumentarium, das dann auf die winzigen Selenvorkommen im Faluner Schwefelerz und auf das wechselhafte irische Wetter trifft und dabei Neues produziert. Dieses Neue wiederum wird aber erst im Folgenden zum Gegenstand von wissenschaftlicher Untersuchung.

3 Reproduktion

Unter der Überschrift „Phänomene ohne Bedeutung"
führt Ian Hacking in seiner *Einführung in die Philosophie
der Naturwissenschaften* die Entdeckung der Lichtempfindlichkeit von Selen kurz an.[89] Diese Lichtempfindlichkeit ist deshalb „bedeutungslos", weil sie eine Instanz des
sogenannten *photoelektrischen Effekts* ist. Das Wissen
um diesen photoelektrischen Effekt gibt es aber im Jahr
1873 noch nicht. Es gibt weder eine entsprechende Theorie noch überhaupt irgendwelche Anknüpfungspunkte,
die es Wissenschaftlern ermöglicht hätten, die Lichtempfindlichkeit des Selens auf andere Phänomene oder Theorien zu beziehen. Genauso wenig war es möglich, darauf
aufbauend eine neue Theorie von Licht und Strom zu
entwickeln. Diese Lichtempfindlichkeit erscheint also als
obskur, unerklärlich und damit, so Hacking, als „bedeutungslos". Das bleibt sie auch so lange, bis die Theorie weit
genug entwickelt ist, um dem Phänomen schließlich eine
Erklärung an die Seite zu stellen. „Wieder blieb es Ein-
stein überlassen, dem Geschehen auf den Grund zu kommen. Dieser Erkenntnis verdanken wir die Photonen-

---

[89] Hacking, *Einführung in die Philosophie der Naturwissenschaften*, S. 263 f. Im Original spricht Hacking von *meaningless
phenomena*, vgl. Ian Hacking, *Representing and Intervening. Introductory Topics in the Philosophy of Natural Science*, Cambridge/
London/New York/New Rochelle/Melbourne/Sidney: Cambridge
University Press 1983, S. 158.

theorie und zahllose vertraute Anwendungsmöglichkeiten, darunter auch das Fernsehen".[90]

Damit liegt Hacking einerseits ganz richtig: Photoelektrische Phänomene wie die Lichtempfindlichkeit des Selens können erst durch Einsteins Theorie des photoelektrischen Effekts von 1907 erklärt werden. Auf der anderen Seite ist das selenbasierte Fernsehen im Jahr 1907 bereits auf einem guten Weg und hat eigentlich überhaupt keinen Bedarf an Einsteins theoretischer Bestätigung. Das liegt daran, dass die Entdeckung der Lichtempfindlichkeit des Selens, so „bedeutungslos" sie auch gewesen sein mag, nicht wirkungslos geblieben ist.

Der Effekt der Lichtempfindlichkeit übt eine starke Faszination auf Wissenschaftler und Ingenieure aus, und schon bald befassen sich zunächst vor allem Engländer und später auch andere Europäer und Amerikaner mit dem Phänomen. Die von den Selenforschern angestellten Untersuchungen beschränken sich in der ersten Phase auf die Reproduktion des Effekts und die Vermessung verschiedener Parameter wie Widerstand, Lichtstärke, Temperatur usw. In einer zweiten, späteren Phase verschiebt sich das Interesse der Forscher von der Reproduktion des Phänomens selbst hin zur Reproduktion der Selenzellen, an denen der Effekt beobachtet werden kann. Diese gestaltet sich überaus problematisch. Selbst Zellen, die mit exakt demselben Verfahren hergestellt werden, unterscheiden sich in ihren Eigenschaften stark. Als sich die Selenforschung in dieser zweiten Phase mit der materiellen Produktion und Reproduktion von Selenzellen

---

[90] Hacking, *Einführung in die Philosophie der Naturwissenschaften*, S. 264.

befasst, interagieren die Forschenden auf besonders deutliche Weise mit der Materialität des Selens. An der theoretischen Erklärung des Phänomens scheitern die Selenforscher dabei durchweg, aber dieses Scheitern ist beiläufig. Vielmehr ist die Entdeckung der Lichtempfindlichkeit der Ausgangspunkt einer intensiven Materialforschung, die Erfahrungen mit den materiellen Performanzen des Selens produzieren will.

Ausgehend von der Selenforschung kann genauer nach dem Verhältnis der Forscher zu den Materialien, also nach dem Verhältnis von *human agency* und *material agency* gefragt werden. Soziologen wie Andrew Pickering und Anthropologen wie Tim Ingold liefern hier mit Konzepten wie *dance of agency* oder *Korrespondenz* wertvolle Ansätze für die Beschreibung der Selenforschung. Der wechselhaften und launischen Natur des Selens werden diese Beschreibungen aber nicht ganz gerecht. Stattdessen eignet sich dafür das philosophische Konzept des Materie-Stroms von Gilles Deleuze und Félix Guattari, das sie ihren Betrachtungen zur Nomadologie zugrunde legen. Damit wird es möglich, die materielle Grundlage der Selenforschung zu beschreiben, die gleichzeitig Produktionskraft *und* Störung ist.

Auch für die Tiefseetelegrafie ist Selen übrigens keineswegs „bedeutungslos": In der Kabelstation kommt es zur Störung, weil das Selen für Einflüsse von außerhalb des technischen Systems offen ist. Es stellt eine Verbindung her zwischen Leitfähigkeit und Lichteinfall oder zwischen Widerstand und Wetter. Diese Verbindung lässt sich selbstverständlich unterbinden, zum Beispiel indem man den Selenwiderstand in einer lichtdichten Kiste unterbringt – in einer *black box* gewissermaßen. Auf diese

Art unempfindlich gemacht, kommt Selen bei der Verlegung von vielen weiteren Unterseekabeln in den folgenden Jahren zum Einsatz.[91] Lichtempfindlichkeit zu unterbinden, bedeutet also schlicht das Verschließen einer Kiste. Wer auf der anderen Seite Lichtempfindlichkeit als Phänomen produzieren und reproduzieren will, wird ganz ähnliche Kisten immer wieder öffnen und schließen und öffnen und schließen ...

3.1 Reproduktion I – Phänomene

Willoughby Smith selbst öffnet seine Kiste in Anwesenheit eines einfachen Gasbrenners und registriert beim darin liegenden Selenstab eine Verringerung des Widerstands um 85 Prozent. Diese Tatsache kommuniziert er am 4. Februar 1873 in einem Brief an Latimer Clark, der zu diesem Zeitpunkt Vorsitzender der Society of Telegraph Engineers ist. Dieser Brief wird innerhalb weniger Tage zunächst im Journal der Society und dann in *Nature* veröffentlicht.[92]

Clark zeigt sich in einem Kommentar begeistert und wagt die Prognose, dass man über dieses Phänomen in Zukunft noch „eine ganze Menge" hören werde. Selbst das Licht eines Streichholzes reiche aus, um den Widerstand des Selens zu beeinflussen, berichtet Clark, der Smiths Experimente persönlich in Augenschein genommen hat.[93]

---

[91] Smith, „Letter to the Secretary", S. 184.

[92] Smith, „The Action of Light on Selenium" und Willoughby Smith, „Effect of Light on Selenium During the Passage of An Electric Current", *Nature* 7/173 (1873), 303.

[93] Smith, „The Action of Light on Selenium", S. 33.

Clark wird recht behalten, denn die Veröffentlichung
von Smiths Brief (sowie möglichweise das kleine Selen-
Schauexperiment, das Clark noch im April zur jährlichen
soirée der Royal Society zur allgemeinen Begeisterung
aufführt) hat zur Folge, dass sich noch eine ganze Reihe
weiterer Forscher ihre eigenen Selenstäbe und ihre eigenen Kisten anschaffen.[94]

Bei jeder folgenden Öffnung der Kisten scheint sich
den darin ruhenden Selenstäben eine neue Szene zu eröffnen. Neben Gaslampen und Zündhölzern sind beliebte
Akteure: die Sonne, Kerzen, Öllampen, gasbetriebene
Zimmerbeleuchtung, brennendes Magnesiumband, elektrisches Bogenlicht sowie leuchtende und nichtleuchtende
Flammen von Bunsenbrennern.[95] Gelegentlich präsentieren sich den Stäben auch exotischere Szenerien wie der
Vollmond einer sternenklaren Nacht oder Tageslicht hinter verschiedenfarbigen Glasscheiben.[96]

---

[94] Zum Schauexperiment siehe o.A., „Notes", *Nature* 8/183
(1873), 12–14, hier S. 12.

[95] Zum Beispiel bei Lawrence Parsons, Earl of Rosse, „On the
Electric Resistance of Selenium", *Philosophical Magazine* 47/311
(1874), 161–164; Harry Napier Draper/Richard Jackson Moss, „On
Some Forms of Selenium and on the Influence of Light on the
Electrical Conductivity of This Element", *Chemical News* 33/841
(1876), 1–2 und William Grylls Adams, „The Action of Light
on Selenium", *Proceedings of the Royal Society of London* 23/163
(1875), 535–539.

[96] Bei William Grylls Adams/Richard Evan Day, „The Action
of Light on Selenium", *Philosophical transactions of the Royal Society of London* 167 (1877), 313–349, hier S. 315 f. und R.E. Sale,
„The Action of Light on the Electrical Resistance of Selenium",
Proceedings of the Royal Society of London 21/144 (1873), 283–285.

In dieser frühen Phase der Selenforschung wird außerhalb der Kisten jede erdenkliche Art von Beleuchtung vorgeführt und deren Effekt protokolliert. Innerhalb der Kisten bleibt aber das Objekt der Untersuchung immer dasselbe. Die genannten Ergebnisse der ausschließlich britischen Selenforschung von Smith, Adams, Draper, Sale und Parsons entstammen allesamt Untersuchungen von jeweils einem einzigen Selenstab. Die eingesetzten Stäbe sind dabei zum Teil ähnlichen Ursprungs: Adams verwendet schlicht *denselben* Selenstab wie Smith, den dieser ihm Ende des Jahres 1874 zur Verfügung stellt,[97] während Draper sein Versuchsobjekt aus demselben Labor wie Smith bezieht.[98]

Nach kurzer Zeit schon soll die Selenforschung in Großbritannien aber ausgeweitet werden von der Untersuchung einzelner Stäbe auf den Vergleich mehrerer Stäbe. Adams verkündet 1877: „It now seemed desirable to make the inquiry more general, and not to limit it to the

---

[97] Vgl. Adams/Day, „The Action of Light on Selenium", S. 313 sowie Adams, „The Action of Light on Selenium", S. 535.

[98] In Reaktion auf die Veröffentlichung von Smiths Brief schreibt Draper einige Kommentare und Fragen an die Herausgeber von *Nature*. Unter anderem fragt er dabei nach geeigneten Bezugsquellen für Selenbarren mit den beschriebenen Eigenschaften. (Harry Napier Draper, „Letters to the Editor", *Nature* 7/175 (1873), 340.) Smith antwortet in der folgenden Woche: Er beziehe sein Selen von Henry Bassetts Labor, No. 215 Hampstead Road, London. (Willoughby Smith, „Letters to the Editor", *Nature* 7/176 (1873), 361.) Es ist nicht auszuschließen, dass Sale ebenfalls von dort sein Selen bezieht, da er in derselben Woche wie Draper interessierte Nachfragen bezüglich der eingesetzten Methoden an *Nature* schickt und in derselben Woche von Smith eine Antwort erhält. (R. E. Sale, „Letters to the Editor", *Nature* 7/175 (1873), 340.)

examination of the behaviour of one specimen only".[99] Ab diesem Zeitpunkt will man sich weniger auf die Aufführungen außerhalb der Kisten konzentrieren als auf ihren Inhalt. Erst hier offenbart sich, wie man sehen wird, in vollem Umfang die Materialität des Selens.

3.2 Reproduktion II – Materialien

Der Ursprung dieses Umdenkens findet sich in Versuchen, die weit entfernt auf dem europäischen Festland stattfinden. Werner Siemens verkündet bereits im Mai 1875 in einem kurzen Bericht, dass er Smiths Entdeckungen zur Kenntnis genommen hat und diese durch eigene Versuche bestätigen kann. Anders als Smith und seine englischen Kollegen kann Siemens aber anscheinend nicht direkt die graue, kristalline Modifikation des Selens beziehen und muss sich diese stattdessen selbst aus der amorphen, schwarzen Modifikation herstellen, die weiter verbreitet ist.[100] Dabei fällt ihm eine entscheidende Inkonsistenz auf: Ein Barren kristallines Selen, den Siemens aus amorphem Selen durch das übliche Verfahren des Erhitzens auf 100 bis 150° Celsius hergestellt hat, zeigt eine wesentlich geringere Leitfähigkeit und inkonsistentere Lichtempfindlichkeit als ein augenscheinlich gleicher Barren kristallines Selen, der durch Erhitzen auf Temperaturen um 210° Celsius hergestellt wurde.[101] Obwohl beide Barren aus

---

[99] Adams/Day, „The Action of Light on Selenium", S. 319.

[100] Vgl. Fußnote 98.

[101] Werner Siemens, „Ueber den Einfluss der Beleuchtung auf die Leitungsfähigkeit des krystallinischen Selens. Vorläufige Mittheilung", *Annalen der Physik und Chemie* 232/10 (1875), 334–335, hier S. 334.

dem gleichen Material bestehen, aus der gleichen grauen Modifikation des Selens, verkörpern sie dessen spezielle Eigenschaften in ganz unterschiedlichem Maße.

Im Anschluss an diese Beobachtung stellt Siemens innerhalb der folgenden zwei Jahre eine Reihe von Versuchen zusammen, die sich eingehend mit dem Verhalten des Selens bei verschiedenen Strom-, Licht- und Temperaturbedingungen befassen. Die Ergebnisse sind ernüchternd: Siemens' Bewertung des Verhaltens von Selen reicht von „schwer vorherzubestimmen" über „eigenthümlich und widerspruchsvoll" bis hin zu „absonderlich" und „sehr störend".[102]

Siemens unterscheidet schließlich insgesamt drei verschiedene Untermodifikationen des grauen Selens, die er auf leicht unterschiedliche Art herstellt.[103] Diese Modifikationen unterscheiden sich alle in ihrer Leitfähigkeit und Lichtempfindlichkeit und haben zum Teil noch andere einzigartige Eigenschaften. Bei Modifikation III beispielsweise hat die Richtung des Stroms einen Einfluss auf den Widerstand, aber bei I und II macht sie keinen Unterschied.[104] Und während bei Modifikation I die Leitfähigkeit mit der Temperatur ansteigt, haben steigende Temperaturen auf Modifikation II einen gegenteiligen Effekt.[105]

---

[102] Werner Siemens, „Ueber die Abhängigkeit der elektrischen Leitungsfähigkeit des Selens von Wärme und Licht", *Annalen der Physik und Chemie* 235/9 (1876), 117–141, hier S. 133, 140, 134 und 135.

[103] Siemens, „Abhängigkeit der elektrischen Leitungsfähigkeit des Selens von Wärme und Licht", S. 130.

[104] Siemens, „Abhängigkeit der elektrischen Leitungsfähigkeit des Selens von Wärme und Licht", S. 135 f.

[105] Siemens, „Abhängigkeit der elektrischen Leitungsfähigkeit des Selens von Wärme und Licht", S. 134.

Auch die Lichtwirkung zeigt sich nicht so zuverlässig wie erhofft, als Siemens bei den verschiedenen Modifikationen in unterschiedlicher Ausprägung eine „Ermüdung des Selens bei andauernder Lichteinwirkung" feststellt.[106] Siemens bleibt schließlich nichts anderes übrig als die Feststellung, „dass das krystallinische Selen sich in seinem Verhalten gegen Wärme und Elektricität wesentlich von den anderen einfachen Körpern unterscheidet".[107]

Während die frühen Experimente der Engländer noch eine geradezu naive Faszination für die Lichtempfindlichkeit ausleben, holen Siemens' Feststellungen die Selenforschung auf den Boden der materiellen Tatsachen zurück. Im Hintergrund von Siemens' Experimenten steht der Wunsch nach einer objektiven, direkten Messmethode für Lichtintensitäten. Nach dem bisherigen Verfahren misst man eine unbekannte Lichtstärke, indem man ihre Leuchtkraft mit derjenigen einer Normalkerze vergleicht. Dabei wird die unbekannte Lichtquelle in einen festgelegten Abstand zu einer neutralen Fläche gebracht. Dann wird der Abstand der Normalkerze zu der gleichen Fläche angepasst, bis die unbekannte Lichtquelle und die Normalkerze für das Betrachterauge dort die gleiche Ausleuchtung produzieren. Der Abstand der Normalkerze von der beleuchteten Fläche ist dann ein Maß für die Lichtstärke der unbekannten Lichtquelle. Gerade bei farbigem Licht ist diese Messmethode aber extrem ungenau,

---

[106] Werner Siemens, „Ueber die Abhängigkeit der electrischen Leitungsfähigkeit des Selens von Wärme und Licht", *Annalen der Physik und Chemie* 238/12 (1877), 521–550, hier S. 546.

[107] Siemens, „Abhängigkeit der elektrischen Leitungsfähigkeit des Selens von Wärme und Licht", S. 136.

weil das menschliche Auge die Helligkeit von farbigem Licht nur schwer einschätzen kann.

Siemens sieht im Selen eine Möglichkeit für ein elektrisches Photometer, das die Messung der Lichtstärke vom menschlichen Auge unabhängig macht.[108] Die Produktion eines solchen Instruments ist in erster Linie auf die Reproduzierbarkeit von lichtempfindlichen Selenzellen angewiesen, während das Interesse für den tatsächlichen lichtempfindlichen Effekt nicht weit über eine zuverlässige Korrelation von Lichtstärke und Widerstand hinausgeht. Während die Reproduktion des lichtempfindlichen Effekts innerhalb einer gegebenen Zelle meistens kein Problem darstellt, gestaltet sich die Reproduktion der Zellen selbst sehr schwierig.

Das muss auch Adams feststellen, als er in Reaktion auf Siemens' Mitteilungen ebenfalls mit verschiedenen Herstellungsmethoden von grauem Selen experimentiert. Mindestens 25 Präparate stellt er her, einige davon nach einer von Siemens beschriebenen Methode und einige nach seiner eigenen. Diese sieht vor, einen großen Eisenball zur Rotglut zu bringen und ihn eine Stunde in ein Sandbad zu legen, bevor er wieder entfernt wird. In jenes heiße Sandbad wird das amorphe Selen 24 Stunden lang gelegt, wobei es in kristallines, graues Selen umgewandelt wird.[109]

Als Adams drei augenscheinlich identische Stücke des amorphen Selens gleichzeitig im selben Sandbad umsetzt, sollte das – so seine Erwartung – drei gleiche Selenbarren

---

[108] Vgl. o.A., „Siemens' elektrisches Photometer", *Polytechnisches Journal* 217 (1875), 61–63.

[109] Adams/Day, „The Action of Light on Selenium", S. 320.

produzieren. Aber eines der so verarbeiteten Selenstücke hat einen fast 200-fach größeren Widerstand und eine weit weniger ausgeprägte Lichtempfindlichkeit als die anderen Stücke.[110] Obwohl die gleich großen Stücke aus demselben Rohmaterial in exakt dem gleichen Verfahren bearbeitet werden, zeigen sie deutlich unterschiedliche Eigenschaften – „owing to some slight difference in their molecular condition", wie Adams schließt.[111]

Werner Siemens kommt also zu dem Schluss, dass verschiedene Produktionsmethoden beim Selen zu ganz unterschiedlichen Ergebnissen führen können. Als andere Selenforscher nachziehen und anfangen, mit unterschiedlichen Prozessen zu experimentieren, erkennen sie schnell, dass auch vermeintlich *gleiche* Herstellungsmethoden zu ganz unterschiedlichen Ergebnissen führen können. Obwohl also beispielsweise Werner Siemens in seiner Abhandlung auch den Versuch unternimmt, die Vorgänge im Selen theoretisch zu erklären, ist es in dieser Zeit die „Hauptaufgabe" aller Selenforscher, „eine zuverlässige Methode zur Herstellung wirksamer Selenpräparate zu finden", wie einer der Forscher es selbst ausdrückt.[112]

Zur Lösung dieser Aufgabe sind die Forscher gezwungen, sich intensiv mit dem Material auseinanderzusetzen. Das Selen bestimmt dabei die Richtung, in die sich die Versuche entwickeln. Dabei wird deutlich, dass das Ma-

---

[110] Adams/Day, „The Action of Light on Selenium", S. 322.

[111] Adams/Day, „The Action of Light on Selenium", S. 335.

[112] W. von Uljanin, „Ueber die bei der Beleuchtung entstehende electromotorische Kraft im Selen", *Annalen der Physik und Chemie* 270/6 (1888), 241–273, hier S. 243.

terial in diesem Zusammenhang über Handlungsmacht oder auch *agency* verfügt. Im Folgenden wird danach gefragt, wie sich diese *agency* und ihr Verhältnis zu den Forschenden gestaltet.

3.3 *Material und Agency*

Das Selen wird auf unterschiedliche Temperaturen erhitzt, in den festen und in den flüssigen Zustand gebracht. Es wird zu Barren, Drähten, Platten und dünnen Filmen verarbeitet. Verschiedene Metalle werden als Kontakte verwendet: Kupfer, Zink, Silber, Gold und Legierungen. Verschiedene Stromstärken werden ausprobiert und unterschiedliche Arten von Batterien. Die verschiedenen Beleuchtungsarten wurden oben bereits aufgezählt. Auf alle diese Umformungen und Behandlungen reagiert das Selen. Diese Reaktionen des Selens sind dann wiederum die Grundlage für eine neue Veränderung und einen neuen Versuchsaufbau. Man könnte also sagen, die *human agency* der Umformungen der Selenforscher steht in einer Wechselbeziehung mit der *material agency* der Leistungen des Selens.

Solche Prozesse, bei denen Wissenschaftler und Objekte abwechselnd aktive und passive Rollen einnehmen, bezeichnet Andrew Pickering als *dance of agency*.[113] Wenn beispielsweise Werner Siemens wie oben Selenbarren nach neuen Verfahren herstellt, übernimmt er selbst eine aktive Rolle. Das Selen antwortet auf Siemens' Hand-

---

[113] Andrew Pickering, *The Mangle of Practice. Time, Agency, and Science*, Chicago/London: University of Chicago Press 1995, S. 21 f.

lungen mit seiner eigenen Reaktion, nämlich damit, dass
es einen ungewöhnlich kleinen Widerstand aufweist.
Diese Performanz des Selens wiederum regt Siemens zu
neuen Fragestellungen an. In dieser Weise entwickelt sich
der Forschungsprozess wie ein Tanz zweier Partner, eben
ein *dance of agency*.

Für eine Materialgeschichte des Selens sind vor allem
diejenigen Momente interessant, in denen das Selen gänzlich unerwartete Effekte produziert. Ein Beispiel liefert
Salomon Kalischer, der Anfang des Jahres 1881 eine einzelne Selenzelle bei der mechanischen Werkstatt G. Lorenz in Chemnitz erwirbt. Bei seinen Untersuchungen der
Zelle stellt er eine bislang unbekannte Eigenschaft fest.[114]
Wird diese Zelle dem Licht ausgesetzt, ändert sich ihr Widerstand zwar nur geringfügig, doch dafür produziert die
Zelle selbst eine messbare Spannung. Diese neue photo-
voltaische Eigenschaft (bei der Strom produziert wird, im
Gegensatz zur bereits bekannten photoresistiven, bei der
sich der Widerstand ändert) dokumentiert Kalischer über
drei Monate hinweg. In dieser Zeit lässt sich der Effekt
problemlos reproduzieren. Weitere drei Monate später, in
denen er nach eigenen Angaben aufgrund der „häufigen
Bedeckung des Himmels" keine Experimente am Selen
durchführen konnte, steht Kalischer kurz vor der Veröffentlichung eines Artikels über die „elektromotorischen",
also photovoltaischen Eigenschaften des Selens.[115]

---

[114] Vgl. Salomon Kalischer, „Photophon ohne Batterie", *Carls
Repertorium für Experimentalphysik* 17 (1881), 563–570, hier
S. 563.

[115] Kalischer, „Photophon ohne Batterie", S. 570.

Als er den Effekt zu diesem Zeitpunkt an derselben Selenzelle noch einmal reproduzieren will, gelingt ihm das nicht mehr. Seiner optimistischen Veröffentlichung stellt er in der Folge ein gedämpftes Nachwort bei, das auf die für ihn unerklärliche Vergänglichkeit des beschriebenen Effekts hinweist.[116] Hier wird deutlich, wie zweischneidig die Performanzen des Materials sein können. Auf der einen Seite entdeckt Kalischer durch diese Performanz eine ganz neue Eigenschaft des Selens, den photovoltaischen Effekt, und erhält dadurch die Möglichkeit zu einer ausführlichen Untersuchung. Auf der anderen Seite ist es auch *material agency*, wenn Kalischers Zelle diese Eigenschaft unerwarteterweise verliert und Kalischer damit die Grundlage seiner Forschungen nimmt.

Pickering würde solche Episoden, in denen die emergente *material agency* in unvorhergesehene Richtungen wirkt, als Widerstände (*resistances*) bezeichnen, und zwar als Widerstände gegenüber einem bestimmten Ziel der durchführenden Wissenschaftler. Die Eigenschaft, ein Ziel zu haben, also Intentionalität, ist für Pickering allein menschlichen Akteuren vorbehalten und bildet damit die einzige große Asymmetrie von menschlicher und materieller *agency* im Forschungskontext.[117] Wenn eine bestimmte Performanz der Materie nicht den Vorstellungen von Forschern entspricht, dann stellt das für Pickering ein Hindernis auf dem Weg zur Verwirklichung ihres Forschungsziels dar. Als Beispiel führt er den Physiker Donald Glaser an, der sich in den 1950er Jahren vornimmt, eine neue Nachweismethode für radioaktive Strahlung

---

[116] Kalischer, „Photophon ohne Batterie", S. 570.
[117] Pickering, *The Mangle of Practice*, S. 19.

zu entwickeln. Diese soll ähnlich wie die Nebelkammer funktionieren, die die unsichtbare Strahlung des radioaktiven Zerfalls als Nebelspuren sichtbar macht. Durch die Verwendung einer Flüssigkeit statt eines Gases hofft Glaser, aufgrund des dichteren Mediums auch seltene Wechselwirkungen zuverlässig dokumentieren zu können. Die verschiedenen Flüssigkeiten, die er ausprobiert, führen alle nicht zum erklärten Ziel und sind deshalb Widerstände, auf die er mit Anpassungen (*accommodations*) reagieren muss. In der Praxis sieht diese Anpassung in erster Linie so aus, dass Glaser einfach eine Flüssigkeit gegen die nächste austauscht und den Versuch noch einmal durchführt.[118]

Hier wird ein wesentlicher Unterschied zwischen den Wissenschaftlern Pickerings und den Selenforschern sichtbar. Glaser hat ein Ziel, das durch Theorien, Modelle und Hypothesen geformt ist. Er will ein Phänomen unter Kontrolle bringen, doch dieses Phänomen ist noch nicht an ein bestimmtes Material gebunden. Seine Versuche sind unter anderem die Suche nach einer solchen materiellen Grundlage. Das wird besonders deutlich, wenn Glaser, sobald er auf ‚Widerstand' stößt, seine Materialien austauscht. Glasers Ziel ist zwar eine spezifische materielle Leistung, aber der Träger dieser Leistung kann ein beliebiges Material sein. Die Selenforscher auf der anderen Seite produzieren ihre Phänomene ausgehend von einer gleichbleibenden materiellen Grundlage: dem elementaren Selen. Das Ziel der Selenforscher ist es, dessen Materialität zu erkunden, das ganze Spektrum seiner möglichen Leistungen. In ihren Intentionen

---

[118] Pickering, *The Mangle of Practice*, S. 39.

lassen sie sich dabei oft von den Performanzen des Materials leiten.

Salomon Kalischer hat zunächst nur die relativ vage Intention, das Selen zu untersuchen. Erst durch einen Ausdruck materieller *agency*, nämlich durch das Erscheinen des neuartigen Phänomens der Photovoltaik, verschiebt sich sein Interesse hin zu dessen Untersuchung. Als nun durch eine weitere materielle Performanz dieses Phänomen verschwindet, reagiert Kalischer nicht, indem er das Selen ersetzt. Vielmehr arbeitet er weiter mit dem Selen, in der Hoffnung, wieder dieses Phänomen oder sogar noch andere, neue Phänomene hervorbringen zu können. Das Material ist also bei Kalischer ein Teil des Ziels, es arbeitet gewissermaßen mit an der Zielsetzung.

Die Intentionalität erscheint deshalb in der Selenforschung deutlich dezentriert und liegt auf halber Strecke zwischen Wissenschaftler und Material. Es sind die unvorhergesehenen, einzigartigen, „widerständigen" Leistungen der Selenstäbe, die die Selenforschung auf neue Pfade führen. Ihre Intentionen entstehen notwendigerweise erst im Zusammenspiel mit den Performanzen des Materials. Das heißt aber nicht, dass die Materialien diesen Intentionen dann auch entsprechen müssen. Es kommt durchaus zu Enttäuschungen, wie im Falle Kalischers. Es zeigt sich also, dass Pickerings Herausstellung der Intentionalität der menschlichen Akteure für die Beschreibung der Selenforschung nicht geeignet ist.

Im Unterschied zu Pickering orientiert sich Tim Ingold an Handwerkern statt an Wissenschaftlern (andernorts auch an Alchemisten statt an Chemikern). Dadurch gelangt er zu einer Ansicht von der Arbeit mit Material, die den menschlichen Intentionen keinen privilegierten Platz mehr einräumen muss:

> Der Kunsthandwerker, der Handwerker, der Macher ist also jemand, der ständig auf die Bewegungen des ihn umgebenden „Stoffs" achten muss und die Bewegungen seines oder ihres eigenen äußersten Bewusstseins in Übereinstimmung mit den Bewegungen der ihn oder sie umgebenden Materialien bringen muss.[119]

Den „Strom des Materials" und den „Bewusstseinsstrom" könne man sich dabei als Wellenlinien vorstellen. Etwas herzustellen hieße dann, diese Wellenlinien aneinander anzunähern und zur Übereinstimmung zu bringen.[120] Das Herstellen dieser Übereinstimmung nimmt, ähnlich wie bei Pickering, die Form eines Frage-Antwort-Spiels an, in dem der Handwerker fragt und die Materie antwortet.[121]

Ingold versucht sich jedoch deutlich von Pickering abzugrenzen, indem er statt eines *dance of agency* von einem *dance of animacy* spricht.[122] Dabei geht es nicht um das Hin und Her von Interaktion, wie bei Pickering, sondern um ein Miteinander, für das Ingold den Begriff *Korrespondenz* verwendet.[123] „As with any dance, this should be read not laterally, back and forth, but longitudinally as a

---

119   Tim Ingold, „Eine Ökologie der Materialien", in: Susanne Witzgall/Kerstin Stakemeier (Hgg.), *Macht des Materials/Politik der Materialität*, Zürich: diaphanes 2014, S. 65–73, hier S. 71.

120   Vgl. Ingold, „Eine Ökologie der Materialien", S. 71.

121   Ingold, „Eine Ökologie der Materialien", S. 71.

122   Tim Ingold, „Bodies on the Run", in: ders., *Making. Anthropology, Archaeology, Art and Architecture*, London/New York: Routledge 2013, S. 91–108, hier S. 100.

123   Vgl. Ingold, „Bodies on the Run", S. 101.

movement in which partners take it in turns to lead and be led or – in musical terms – to play the melody and its refrain."[124]

Bei Ingold arbeitet ein Mensch *mit* dem Material an der Herstellung von Phänomenen. Widerstände im Material stehen dabei nicht einem vom Handwerker vorformulierten Ziel oder Endzustand entgegen. Vielmehr will der Handwerker auf diese Widerstände eingehen, mit dem Material „korrespondieren" und so gemeinsam mit dem Material ein Artefakt schaffen. Ingolds Handwerker haben durchaus Intentionen und Ziele, aber die Intentionen entwickeln sich durch die geübte Arbeit mit dem Material. Pickerings Wechselspiel von menschlicher Intentionalität und materieller Widerständigkeit verschwindet hier in der gemeinsamen Bewegung der Korrespondenz.

Einerseits scheint der Prozess einer solchen Korrespondenz sehr gut zur Selenforschung zu passen, denn auch dort kann man kaum zwischen Führen und Geführt-Werden unterscheiden, wenn die Forschenden in ihren Erkundungen mit und an dem Material arbeiten. Andererseits scheint die Metapher des Tanzes, auf der sowohl Pickering als auch Ingold beharren, oft unpassend für die Abläufe in der Selenforschung. Bei Ingold richtet sich die Idee des Tanzens gegen die hylemorphistische Vorstellung, nach der der Mensch durch seine herstellenden Aktivitäten der homogenen, passiven Materie eine Form gibt.[125] Und um die Materie aus dieser passiven Rolle herauszuholen, ist die Vorstellung eines Tanzes gleichberechtigter Partner durchaus angebracht. Gleich-

---

[124] Ingold, „Bodies on the Run", S. 101.
[125] Vgl. Ingold, „Eine Ökologie der Materialien", S. 67.

zeitig wird dadurch aber eine grundlegende, rhythmische Harmonie der Partner suggeriert. Gerade das Beispiel der Selenforschung zeigt aber, dass der Umgang mit Materialien auch durchaus unharmonische Momente produzieren kann. In solchen Momenten entzieht sich der Fortgang der Herstellungs- oder Forschungsprozesse vollkommen der menschlichen Kontrolle. Er wird durch das Material gestört.

Solche Momente der Störung können aber auch neue und unerwartete Möglichkeiten eröffnen. Wenn die frühe Selenforschung als Tanz beschrieben werden sollte, so würde das Selen Tango tanzen, obwohl die Forscher zum Walzer geladen hatten. Man tritt sich auf die Füße, man verliert den Kontakt, man missversteht sich und gerät aus dem Takt. Wie kann man also diese Disharmonie anerkennen, ohne in polarisierte Gegenüberstellungen von Mensch und Material zu flüchten?

Eine Antwort findet man stromaufwärts: Ingold verwendet in Bezug auf Material gern den Begriff *flow*, der ein kontinuierliches, konstantes, oft rhythmisches Fließen bezeichnet. Dabei bezieht er sich auf das Kapitel zur Nomadologie in den *Tausend Plateaus* von Deleuze und Guattari.[126] Dort wird in Bezug auf Material und Materie oft vom *matter-flow* gesprochen: „So how are we to define this matter-movement, this matter-energy, this matter-flow, this matter in variation that enters assemblages and leaves them? It is a destratified, deterritorialized matter."[127] Im Französischen ist hier die Rede vom *matière-*

---

[126] Vgl. Ingold, „Eine Ökologie der Materialien", S. 69.

[127] Gilles Deleuze/Félix Guattari, *A Thousand Plateaus. Capitalism and Schizophrenia*, übers. von Brian Massumi, Minneapolis/London: University of Minnesota Press 2005, S. 407.

flux, was im Deutschen mit „Materie-Strom" übersetzt wird.[128] *Flux* bezeichnet im Französischen auch den Gezeitenwechsel von Ebbe und Flut, was sich im Kommen und Gehen der Materialität im obigen Zitat widerspiegelt. Andere Bedeutungen von *flux* umfassen beispielsweise Ströme von Körperflüssigkeiten wie Blut oder Ströme von Kapital in der Wirtschaft. Rhythmische Aspekte über den Gezeitenwechsel hinaus hat *flux* aber nicht. *Flow*, so könnte man verallgemeinern, bezeichnet eine Bewegung, die wegen ihrer Kontinuität leicht vorherbestimmt werden kann, während *flux* auch unerwartet auftritt, als eine Bewegung, die etwas gänzlich Neues hervorbringt. Wie man gesehen hat, zeigt das historische Selen weniger *flow* und mehr *flux*.

3.4 Materie-Strom

Die Vorstellung des Materie-Stroms ist eine andere als die einer Materialität, die sich dem Frage-Antwort-Spiel von Pickerings Wissenschaftlern stellt oder die sich mit Ingolds Handwerkern in harmonische Übereinstimmung bringen lässt. Materie bei Deleuze und Guattari ist dynamischer. Sie ist selbst Bewegung, Energie und Strom. Das führt dazu, dass die Leistungen der Handwerker und Wissenschaftler bei Deleuze und Guattari in starker Abhängigkeit vom Material gedacht werden. Ihre Tätigkeit sei „das Bewußtsein oder das Denken des Materie-

---

[128] Gilles Deleuze/Félix Guattari, *Mille Plateaux. Capitalisme et Schizophrénie*, Paris: Éditions de Minuit 1980, S. 507 beziehungsweise Gilles Deleuze/Félix Guattari, *Tausend Plateaus. Kapitalismus und Schizophrenie*, übers. von Gabriele Ricke/Ronald Voullié, Berlin: Merve 1992, S. 563.

Stroms".[129] Das Vorbild für eine so starke Abhängigkeit
ist das Verhältnis der nomadischen Steppenvölker zu ihren Materialien, vor allem dasjenige der waffenherstellen-
den Metallurgen.

„Dem Materie-Strom kann man nur *folgen*", schreiben
Deleuze und Guattari.[130] Das kann heißen, „dem Holz
nachzugeben und dem Holz zu folgen, indem man Be-
arbeitungsvorgänge mit einer Materialität verbindet, an-
statt einer Materie eine Form aufzuzwingen"[131] – diese
Art des Folgens übernimmt Ingold für sein Konzept der
Korrespondenz. Es kann aber auch heißen, wie der nomadische Metallurg von Ort zu Ort reisen zu müssen, weil
die Erzvorkommen, die er für seine Arbeit benötigt, rar
und weit verstreut sind.[132] Die Metallurgie ist gezwungen,
ihren Materialien zu folgen; das macht sie zur „umherzie-
henden, ambulanten Wissenschaft".[133]

In einer solchen nomadischen Wissenschaftsauffas-
sung geht man weder induktiv noch deduktiv vor, sondern „problematisch", also „von einem Problem zu den
Zufällen, die es bedingen und lösen".[134] Jede Waffe, die die
Metallurgie herstellt, ist ein solches Problem, ein singu-
läres Ereignis, bei dem menschliche Leistungen und die
Leistungen des Materials zusammenkommen. Die Metallurgie kann nicht immer denselben Prozess anwenden,
da sich der Materie-Strom verändert – hier ist das Eisen

---

[129] Deleuze/Guattari, *Tausend Plateaus*, S. 568.
[130] Deleuze/Guattari, *Tausend Plateaus*, S. 565.
[131] Deleuze/Guattari, *Tausend Plateaus*, S. 564.
[132] Vgl. Deleuze/Guattari, *Tausend Plateaus*, S. 569.
[133] Deleuze/Guattari, *Tausend Plateaus*, S. 512.
[134] Deleuze/Guattari, *Tausend Plateaus*, S. 496.

spröder, hier brennt das Feuer heißer; die Variablen sind in einem „Zustand kontinuierlicher Variation".[135]

So muss auch die Selenforschung vorgehen, die wieder und wieder an Verallgemeinerungen scheitert, weil so viele Faktoren, so viele ‚Zufälle' eine Rolle spielen. Ihr bleibt nichts anderes übrig, als sich auf die Suche nach diesen Faktoren zu begeben, also Phänomene zu produzieren und dabei dem Materie-Strom zu folgen. Dieser sei nämlich der Träger der singulären, ereignishaften „Probleme", so Deleuze und Guattari. Das ist der nomadische Aspekt der Selenforschung, wenn sie, um voranzukommen, „einem Strom in einem Feld von Vektoren folgt, wo Singularitäten wie eine Reihe von ‚Zufällen' (Problemen) verteilt sind".[136]

Forschungs- und Herstellungsprozesse erscheinen bei Deleuze und Guattari also in einer starken Abhängigkeit von Materie-Strömen. Das absolut notwendige *Folgen* wirkt dabei auf diese Prozesse einerseits produktiv, und zwar in dem Sinne, dass sie durch das Material überhaupt erst möglich werden. Andererseits kann es durch das Folgen aber auch, anders als Ingold es impliziert, zu Störungen und Unterbrechungen der Prozesse kommen. Der Materie-Strom ist also die Grundlage für Störungen, aber auch die Grundlage für die Produktion von absolut Neuem. Wie die beiden Entdeckungen des Selens im vorherigen Kapitel gezeigt haben, können diese Aspekte auch durchaus zusammenfallen.

Ein weiteres Beispiel aus der Selenforschung verdeutlicht den Charakter des Materie-Stroms: Es dauert etwa

---

[135] Deleuze/Guattari, *Tausend Plateaus*, S. 508.
[136] Deleuze/Guattari, *Tausend Plateaus*, S. 512.

zwei Jahre, bis nach Salomon Kalischers unfreiwillig beendeten Experimenten eine weitere Selenzelle mit ähnlichen photovoltaischen Eigenschaften auftaucht. Hergestellt wird sie von Charles Fritts in New York, doch davon weiß Fritts nichts. Der Amerikaner stellt eine große Menge Selenzellen selbst her und nutzt diese für eine ganze Reihe von Versuchen, die er in einem ausführlichen Artikel dokumentiert. Einige seiner Zellen zeigen eine Lichtempfindlichkeit des Widerstands von bisher unbekannter Stärke, doch ob die Lichteinwirkung einen photovoltaischen Stromfluss im Selen auslöst, untersucht Fritts anscheinend nicht.[137] Im Anschluss an seine eigenen Untersuchungen schickt Fritts mehrere Selenzellen an Werner Siemens in Deutschland. Auch Siemens stellt begeistert fest, dass die Lichtempfindlichkeit der Zellen von Fritts diejenige seiner eigenen Zellen bei weitem übersteigt.[138] Die Ausnahme bildet eine einzige Zelle, bei der Siemens keine Veränderung des Widerstands mit der Lichteinwirkung feststellen kann. Jedoch entsteht in dieser Zelle, wie bei Kalischers Zelle, bei Beleuchtung ein photovoltaischer Strom.

Siemens' Aufmerksamkeit ist geweckt und er stellt detaillierte Untersuchungen über das Verhältnis zwischen der einfallenden Lichtstärke und dem entstehenden Strom an. Er kommt zu dem Schluss, dass Licht und

---

[137] Vgl. Charles E. Fritts, „On a New Form of Selenium Cell, and Some Electrical Discoveries Made by Its Use", _American Journal of Science_ 26/156 (1883), 465–472, hier S. 466.

[138] Werner Siemens, „Über die von Hrn. Fritts in New York entdeckte elektromotorische Wirkung des beleuchteten Selens", _Sitzungsberichte der Königlich Preussischen Akademie der Wissenschaften zu Berlin_ (1885), 147–148, hier S. 147.

Strom proportional sind, was seiner Meinung nach dafür spricht, „dass die in das Selen eindringenden Lichtwellen direct in elektrischen Strom umgewandelt werden".[139] Kalischer mit keinem Wort erwähnend stellt Siemens fest, dass es sich hierbei um eine „ganz neue physikalische Erscheinung" handelt.[140] Siemens' gesamte Untersuchung dieser Erscheinung basiert dabei auf dieser einzigartigen Zelle, deren Herstellungsmethode er nicht kennt. Eine Nachfrage bei Fritts klärt den Ursprung der Zelle nicht auf, vielmehr klagt Fritts lediglich über „die Unsicherheit der Herstellung der Platten, deren Eigenschaften man gar nicht voraussehen könnte".[141]

Siemens lässt sich davon nicht entmutigen und schließt seine Mitteilung mit der Feststellung, dass „schon das Vorhandensein einer einzigen Selenplatte mit der beschriebenen Eigenschaft eine Thatsache von grösster wissenschaftlicher Bedeutung [ist], da uns hier zum ersten Male die directe Umwandlung der Energie des Lichtes in elektrische Energie entgegentritt".[142] Siemens schreibt die Entdeckung dieser Tatsache stets Charles Fritts zu, obwohl der Hersteller der Zelle sie selbst gar nicht erkannte.

Da er offensichtlich vom großen Werner Siemens übergangen wurde, schreibt Salomon Kalischer daraufhin eine Mitteilung an Siemens, in der er auf seine eigene, frühere Untersuchung der Photovoltaik im Selen hinweist und deshalb die Entdeckung dieses Phänomens für sich beansprucht. Siemens berichtet der preußischen Akademie der Wissenschaften von Kalischers Einwand und erklärt

---

[139] Siemens, „Über die von Hrn. Fritts", S. 148.
[140] Siemens, „Über die von Hrn. Fritts", S. 148.
[141] Siemens, „Über die von Hrn. Fritts", S. 148.
[142] Siemens, „Über die von Hrn. Fritts", S. 148.

zwar, dass Kalischer den Effekt zuerst beschrieben hätte, dass aber die Hauptsache der Entdeckung im Nachweis der Proportionalität von Lichteinfall und Stromwirkung liege. Nur wer diesen Nachweis erbracht hat, könne als der Entdecker des photovoltaischen Effekts gelten, argumentiert Siemens. Nebenbei weist er noch auf das „leider bald darauf ganz verschwundene" Phänomen in Kalischers eigener Selenzelle hin.[143] Siemens' Implikation, dass eigentlich nur er selbst als der eigentliche Entdecker gelten kann, entgeht Kalischer scheinbar, denn als er zwei Jahre später von seinen neusten Erfolgen mit selbst hergestellten photovoltaischen Selenzellen berichtet, bedankt er sich nebenbei für Siemens Freundlichkeit in der Richtigstellung des Sachverhalts.[144]

Diese merkwürdige Auseinandersetzung ist augenscheinlich wenig mehr als ein harmloses Geplänkel und historisch gesehen ist sie nur von untergeordneter Bedeutung. Als Lehrstück zu Materie-Strömen ist sie dagegen gut geeignet. Charles Fritts stellt eine einzigartige Selenzelle her, ohne es zu wissen. Sein Material könnte den neuen Effekt produzieren, aber er erkennt nicht, was möglich wäre. Salomon Kalischer dagegen beweist eine Ingold'sche Sensibilität gegenüber dem Material. Er erkennt dessen besondere Eigenschaften und produziert das neue Phänomen. Seine Tragik ist, dass sein Material sich

---

[143] Vgl. Werner Siemens, „Mitteilung", *Sitzungsberichte der Königlich Preussischen Akademie der Wissenschaften zu Berlin* (1885), 417.

[144] Vgl. Salomon Kalischer, „Ueber die Erregung einer electromotorischen Kraft durch das Licht und eine Nachwirkung desselben im Selen", *Annalen der Physik* 267/5 (1887), 101–108, hier S. 102.

verändert und die gesuchten Eigenschaften verliert. Und schließlich noch Werner Siemens, der von Fritts ein Material erhält, dessen besondere Eigenschaften er erkennt und ausnutzt, um die richtigen Versuche damit anzustellen. Kalischer spekuliert sogar, „dass unter den so zahlreichen, von [Fritts] hergestellten Präparaten die an Hrn. Siemens gesandte Selenzelle die einzige war, in welcher das Licht eine electromotorische Kraft erregte".[145] Aber wie Siemens selbst sagt und zeigt, reicht eine einzige Zelle aus, um entsprechende Experimente durchzuführen und sich dann als Entdecker eines Phänomens zu geben. Kalischer dagegen, dem das gesuchte Material entrinnt, muss sich auf die Suche danach machen, bevor er wieder mitforschen und mitreden kann.

Es zeigt sich, dass man wie Fritts im Materie-Strom schwimmen und so an ein selbst bestimmtes Ziel gelangen kann. Man kann aber auch wie Siemens an neue Ufer mitgerissen werden. Der Materie-Strom kann die Quelle von Energie sein und eine Mühle antreiben, aber er kann auch versiegen. Wenn er versiegt, muss man aufbrechen und wie Kalischer einen neuen Strom finden. Das heißt es, wenn man „dem Materie-Strom folgt". Wer dem Strom nicht folgt, kann keine Phänomene produzieren und keine Forschung anstellen.

Produktions-, Reproduktions-, Forschungs-, und Stabilisierungsprozesse hängen auf vielen Ebenen von solchen Materie-Strömen ab. Zum einen auf der Mikroebene, wenn Kalischers Selenzelle durch den Materie-Strom molekularer Umstrukturierung (möglicherweise durch die Einwir-

---

[145] Kalischer, „Über die Erregung einer electromotorischen Kraft", S. 102.

kung von Hitze oder Feuchtigkeit) ihre Wirksamkeit verliert. Aber auch auf der Makroebene, wenn Charles Fritts
einen Materie-Strom zwischen seiner Werkbank und Werner Siemens' Labor herstellt. Um Forschungsereignisse zu
produzieren, sind die Selenforscher auf das Material angewiesen. So wie Seefahrer auf dem Meer durch das Zusam-
menführen von Sonne, Chronometer, Sextant und Karte
ein Ereignis produzieren, um ihre Lage zu bestimmen,
verorten sich auch die Selenforscher mit jedem ereignishaften Zusammentreffen ihrer *human agency* mit der *material agency* der Materie-Ströme, die sie navigieren wollen. Während Siemens weiß, wie er seine Instrumente zu
benutzen hat und sich damit auf dem Materie-Strom verorten kann, begeht Kalischer einige unglückliche Naviga-
tionsfehler und kann sie nicht beheben, bevor die Wolken
aufziehen, die ihn drei Monate orientierungslos lassen. Die
Materie-Ströme bewegen sich unterhalb der Forschung,
außerhalb der Kontrolle der Wissenschaftler. Alles, was
diese tun können, ist, dem Material zu folgen.

Sicherlich ist nicht jede wissenschaftliche Untersuchung abhängig von solchen instabilen, fluktuierenden
Materie-Strömen, wie das bei der frühen Selenforschung
der Fall ist. Aber gerade deren Ströme sind äußerst produktiv, vor allem im Bereich der technischen Anwendung. Zur Verdeutlichung dieser Produktivität wird im
Folgenden der Materie-Strom des Selens durch einige Erfindungen hindurch verfolgt.

4 Erfindung

Wer hat das Fernsehen erfunden? Man könnte sagen: niemand. Ohne Zweifel gibt es Dutzende „Väter des Fernsehens", deren Erfindung in ihren jeweiligen Geschichten als die erste, die entscheidende oder die wichtigste angepriesen wird. Keiner dieser Väter hätte das Fernsehen aber allein erfinden können. Man tut sich schwer, eine ungebrochene Kette von Erfindervätern zu konstruieren, an deren Ende das Fernsehen steht. Vielmehr geht die Erfindung des Fernsehens, wie Albert Abramson deutlich macht, von einem ganzen Gebiet aus, nämlich dem Gebiet der elektrischen Kommunikation.[146] Innerhalb dieses Gebietes „wächst [das Fernsehen] mit dem Stand der Zeit" und aus einem ganzen Spektrum unterschiedlicher technischer und wissenschaftlicher Disziplinen heraus.[147] Das Fernsehen ist nicht das Produkt einer einzelnen Erfindung, sondern „a composite of many inventions", betont auch der Fernsehhistoriker George Shiers.[148]

---

[146] Vgl. Albert Abramson, *Die Geschichte des Fernsehens*, München: Fink 2002, S. 3.

[147] Abramson, *Die Geschichte des Fernsehens*, S. 1.

[148] George Shiers, *Early Television. A Bibliographical Guide to 1940*, hg. von Diana Menkes, New York/London: Garland Publishing 1997, S. x.

Auch wenn damit Ideen von heterogenen Feldern und vielfältigen Einflüssen aufgerufen sind, hängen Fernsehhistoriker wie Shiers, Abramson und Burns das Fernsehen letztendlich wieder ans Ende einer Perlenkette aus genialen Männerköpfen. Technikgeschichte wird hier vom Ende her gedacht, also teleologisch von der letzten erfolgreichen Erfindung her, *top-down* gewissermaßen.

Die Selengeschichte kann man dagegen nur genau umgekehrt erzählen, also *bottom-up*. Der größte Unterschied zu einer Fernsehgeschichte ist dabei, dass eine *Bottom-up*-Selengeschichte nicht denselben Endpunkt erreichen wird. Es gibt, streng genommen, kein Fernsehen mit Selen – das Fernsehen, das sich in den 1930er Jahren durchsetzt, basiert auf Elektronenröhren und Alkalifotozellen. Aus dem „winner's account", wie ihn Ursula Klein und Emma Spary kritisieren,[149] wird damit gewissermaßen auch ein *loser's account*. Die Geschichte gewinnt so einige erhellende Überleitungen, die verdeutlichen, wie genau das Selen zu seiner tragenden Rolle in solchen Entwürfen und Erfindungen kommt, die später als auf das Fernsehen hinführend gedeutet werden. Im Folgenden wird eine chronologische Abfolge von Erfindungen vorgestellt, von denen nur manche Fernseh-, aber alle Selenapparate sind. Am Schluss wird danach gefragt, warum die späteren Fernsehapparate eben keine Selenapparate mehr sind, also warum die Selengeschichte und die Fernsehgeschichte am Ende auseinanderlaufen.

---

[149] Klein/Spary, „Introduction", S. 16.

4.1 Ein künstliches Auge

Einer der ersten Apparate, in dem die Lichtempfindlichkeit des Selens zum Einsatz kommt, ist das bereits kurz erwähnte Photometer von Werner Siemens, das die Messung von Lichtintensitäten vom menschlichen Auge unabhängig machen soll. Das Photometer in seiner finalen und funktionalen Version hat die Form eines Metallrohrs von 60 mm Länge und 30 mm Breite, an dessen Boden eine Siemens'sche Selenzelle angebracht ist. Diese Selenzelle ist in einen Stromkreis mit einer Batterie und einem Galvanometer eingeschaltet. Für die relative Messung zweier Lichtquellen zeigt man mit der Öffnung der Röhre zunächst auf die eine und dann auf die andere Lichtquelle und notiert jeweils den Abstand zur Lichtquelle sowie den Ausschlag des Galvanometers.[150] In dieser Form funktioniert das Photometer tadellos und erlaubt über den Umweg einer empirisch erstellten Korrektionstabelle mit Koeffizienten für verschiedene Farben sogar den Vergleich von verschiedenfarbigem Licht.[151]

Im Zuge seiner Arbeiten am Photometer beauftragt der vielbeschäftigte Werner Siemens seinen in England lebenden Bruder Wilhelm damit, die Ergebnisse der Forschung vor der Royal Institution of Great Britain vorzustellen. Wilhelm Siemens, der sich in England lieber Charles William Siemens nennen lässt, ist mit der Forschung seines Bruders wohlvertraut und hält in der Royal Institution am Abend des 18. Februar 1876 eine detailreiche Vorle-

---

[150] Vgl. Siemens, „Ueber die Abhängigkeit der electrischen Leitungsfähigkeit des Selens von Wärme und Licht", S. 535 ff.

[151] Vgl. Siemens, „Ueber die Abhängigkeit der electrischen Leitungsfähigkeit des Selens von Wärme und Licht", S. 549.

sung über alle Erkenntnisse, die sein Bruder in den wenigen Jahren der Selenforschung gesammelt hat. Statt aber ein Siemens'sches Photometer zu demonstrieren, stellt Wilhelm Siemens an diesem Abend einen Apparat seiner eigenen Konstruktion vor. Dieser Apparat, so Wilhelm Siemens, werde die „extraordinary sensitiveness" der verbauten Selenzellen demonstrieren.[152]

Darüber hinaus stelle er aber auch eine „analogy between its action and that of the retina of our eye" dar, denn Siemens' Instrument hat die Form eines menschlichen Auges (Abb. 3). Es besteht aus einer ausgehöhlten Kugel mit zwei gegenüberliegenden Öffnungen. Vor einer Öffnung befindet sich eine Linse, die einfallendes Licht auf eine innen angebrachte Selenzelle fallen lässt, die über die Öffnung der anderen Seite mit einer Batterie und einem Galvanometer verbunden ist. Darüber hinaus verfügt das künstliche Auge über künstliche Lider, die sich über zwei Hebel öffnen und schließen lassen.[153]

In seiner Demonstration bringt Siemens eine Reihe von verschiedenfarbigen Papieren vor das Auge, bevor er dessen Augenlider öffnet. Weißes Papier lässt dabei einen großen Ausschlag am Galvanometer entstehen, rotes Papier einen geringeren, blaues Papier einen noch geringeren und schwarzes Papier fast keinen. Das künstliche Auge sei also empfindlich gegenüber Licht und könne sogar verschiedene Farben unterscheiden, schließt Siemens aus dem Versuch. Selbst die Eigenschaft der Ermüdung

---

[152] Charles William Siemens, „The Action of Light on Selenium", *Journal of the Royal Institution of Great Britain* 8 (1876), 68–79, hier S. 77.

[153] Siemens, „The Action of Light on Selenium", S. 77.

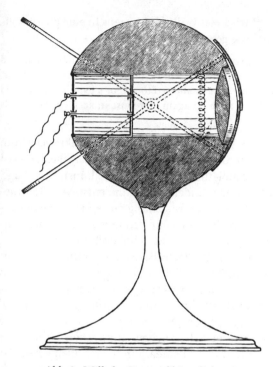

Abb. 3: Wilhelm Siemens' künstliches Auge.
Die Selenzelle befindet sich etwa in der Mitte des Auges
auf einer beweglichen Plattform. Über die Anschlüsse links
kann sie an einen Stromkreis angeschlossen werden.
Rechts befindet sich eine Fokussierlinse, die von ‚Lidern‘
bedeckt ist. Diese können über einen Hebelmechanismus
geöffnet werden, um Licht auf die Selenzelle treffen zu lassen.

des Selens, also jene unerwünschte Eigenschaft, die sein
Bruder Werner festgestellt hat, dass nämlich die Lichtempfindlichkeit des Selens bei längerer Bestrahlung ab-

nimmt,[154] wird von Wilhelm Siemens in eine physiologische Analogie gewendet:

Here we have then an artificial eye which is sensible to light and to differences in colour, which shows the phenomenon of fatigue if intense light is allowed to act for a length of time, and from which it recovers again by repose in keeping the eyelids closed.[155]

Obwohl sich Wilhelm Siemens' Apparat funktional kaum von dem Photometer seines Bruders unterscheidet, lässt die Aufmachung und Präsentation als ,künstliches Auge' eine vollkommen andere Maschine entstehen. Teil dieser Maschine ist die Vorstellung eines maschinellen Sehens, das augenblicklich auf Veränderungen seiner Umgebung reagieren kann und sich damit grundlegend von der bestehenden Bildtechnik der Fotografie unterscheidet. Bisher hatte die Fotografie als Vergleichsmedium für die Lichtempfindlichkeit des Auges herhalten müssen, so zum Beispiel noch in Hermann von Helmholtz' *Handbuch der physiologischen Optik* von 1867, wo eine Parallele zwischen der „lichtempfindlichen Fläche" der Fotografie und den „lichtempfindlichen Elementen der Netzhaut" gezogen wird.[156] Die neuartige Lichtempfindlichkeit des Selens mit seiner sofortigen, reversiblen und wiederholbaren Reaktion ist aber offensichtlich wesent-

---

[154] Zu Werner Siemens' Entdeckung der Ermüdung vgl. Siemens, „Ueber die Abhängigkeit der electrischen Leitungsfähigkeit des Selens von Wärme und Licht", S. 546.

[155] Siemens, „The Action of Light on Selenium", S. 78 f.

[156] Hermann von Helmholtz, *Handbuch der physiologischen Optik*, Bd. IX, Allgemeine Encyklopädie der Physik, Leipzig: Leopold Voss 1867, S. 214.

lich netzhautähnlicher, als es die Fotografie je sein könnte – das legt zumindest das ‚künstliche Auge' in Siemens' Demonstration nahe. Entsprechende Züge nimmt auch die Berichterstattung an: „Artificial Eyes Made Sensitive to Light", titelt der *Scientific American* zu Siemens' Vorlesung. „We wish we could add that it gives vision to the blind; but we cannot, though perhaps it contains a germ of promise in that direction", heißt es dort weiter.[157]

Ob es tatsächlich die Berichte zu dem künstlichen Auge sind, welche in einigen Erfinderköpfen die zündende Idee zum Fernsehen auslösen, wird sich nicht gänzlich rekonstruieren lassen. Auf jeden Fall aber ist Siemens' Apparat und der Diskurs, der ihn umgibt, symptomatisch für das merkwürdige Verhältnis, das gerade das frühe Fernsehen zum menschlichen Auge unterhält. *Seeing with Electricity* ist einige Zeit der gängige Ausdruck, mit dem englischsprachige Erfinder ihre Entwürfe bezeichnen. Das Organ des elektrischen Sehens wird dabei auch später oft als ein „elektrisches Auge" bezeichnet. So schreibt der Physiker Christoph Ries auch im Jahr 1918 noch, als käme er gerade aus Wilhelm Siemens' Vorlesung: „Da das Selen rasch wechselnde Lichteindrücke nicht bloß nach ihrer Stärke, sondern in bestimmten Fällen auch nach ihrer Farbe zu unterscheiden vermag, leistet es in gewisser Beziehung dasselbe wie unser Auge. Daher wird das Selen vielfach als das *elektrische Auge* bezeichnet."[158]

---

[157] O.A., „Artificial Eyes Made Sensitive to Light", *Scientific American* 34/19 (1876), 289.
[158] Christoph Ries, *Das Selen*, Diessen vor München: Jos. C. Hubers Verlag 1918, S. 10.

Der Fernsehforscher Boris Rosing erläutert etwa zeitgleich in der Zeitschrift *Excelsior* die zukünftigen Vorteile
eines solchen „elektrischen Auges". Dieses „werde bis da-
hin eindringen können, wohin bisher nie ein Mensch ge-
langte", wie zum Beispiel in die Tiefsee oder unter die
Erde. Auch sonst könne das losgelöste Auge gute Dienste
in der Aufklärung unter menschenfeindlichen Bedingungen leisten, wie in großer Kälte, in Stürmen oder im
Krieg.[159]
Doch auch über die Namensgebung hinaus tauchen
Augen immer wieder an den Rändern der frühen Fernsehgeschichte auf: Der Fernseherfinder Denis Redmond
aus Dublin ist hauptberuflich Augenchirurg[160], und über
John Logie Baird heißt es, dass er einmal erfolglos ein
menschliches Auge sezierte, in der Hoffnung, mit dem
darin enthaltenen Sehpurpur (Rhodopsin, der lichtemp-
findliche Stoff in der Netzhaut) die Lichtempfindlichkeit
seiner Selenzellen verbessern zu können.[161] „Der im Auge
wirksame Mechanismus zur Übermittlung des Sehreizes
von der Netzhaut zum Gehirn hat den Erfindern seit jeher
als Vorbild gedient", heißt es in einem frühen Handbuch
zum Fernsehen.[162] Viel wahrscheinlicher ist aber, dass das
menschliche Sehen erst vermittelt über Apparate wie den

---

[159] Boris Rosing, zitiert nach Arthur Korn/Bruno Glatzel,
Handbuch der Phototelegraphie und Teleautographie, Leipzig: Otto
Nemnich Verlag 1911, S. 484.

[160] Vgl. Heinrich Raatschen, *Die technische und kulturelle
Erfindung des Fernsehens in den Jahren 1877–1882*, Dissertation,
Heinrich-Heine-Universität Düsseldorf 2005, S. 266 f.

[161] Vgl. Fisher/Fisher, *Tube*, S. 56.

[162] Fritz Schröter, *Handbuch der Bildtelegraphie und des Fernsehens. Grundlagen, Entwicklungsziele und Grenzen der elektrischen Bildfernübertragung*, Berlin: Julius Springer 1932, S. 1.

Siemens'schen zum Vorbild für elektrisches Sehen werden kann.

Es ist deshalb vielleicht nicht überraschend, dass der Historiker Mark Schubin in der Vorstellung des Augenapparats von Wilhelm Siemens einen Auslöser der frühen Fernsehforschung sieht. Wie Schubin zeigt, fallen die frühesten Versuche der Fernsehpioniere in das Jahr 1877, also etwa ein Jahr nach Siemens' Vorlesung.[163] Drei der acht Erfinder, die Schubin anführt, nehmen sogar direkt Bezug auf Wilhelm Siemens' Auge.[164] Damit versucht Schubin, das Siemens'sche Auge als den direkten Auslöser der Fernsehforschung zu platzieren. Interessant ist das, so Schubin, gerade vor dem Hintergrund, dass Siemens' Auge in keiner der wichtigen Fernsehhistorien vorkommt.[165]

Warum steht das ,künstliche Auge' also nicht am Anfang jeder Geschichte des Fernsehens? Mangelnde Sorgfalt der Autor_innen könnte ein Grund sein, doch viel schwerer wiegt wohl die Tatsache, dass ein als Auge verkleidetes Photometer immer noch ein Photometer ist und kein Fernsehgerät. Fernsehgeschichte versucht gängigerweise, eine technische Evolution nachzuzeichnen, die

---

[163] Vgl. Mark Schubin, „What Sparked Video Research in 1877? The Overlooked Role of the Siemens Artificial Eye", *Proceedings of the IEEE* 105/3 (2017), 568–576, hier S. 573–575.

[164] Vgl. Schubin, „What Sparked Video Research in 1877?", S. 575.

[165] Schubin, „What Sparked Video Research in 1877?", S. 575. Schubin nennt dabei unter anderem Gerhart Goebel, „Aus der Geschichte des Fernsehens. Die ersten fünfzig Jahre", *Bosch Technische Berichte* 6/5/6 (1979), 211–235; Shiers, *Early Television*; Abramson, *Die Geschichte des Fernsehens* und Burns, *Television*. In allen kommt Wilhelm Siemens' Apparat nicht vor.

von der Telegrafie zur Bildtelegrafie über das Telefon und
schließlich zum Fernsehen verläuft, sich also vollkommen
im Bereich der elektrischen Kommunikation bewegt. Die
Demonstration von Siemens' Auge fällt in dasselbe Jahr,
in dem Alexander Graham Bell sein Telefon vorstellt,
während die telegrafische Übertragung von Bildern zu
jenem Zeitpunkt bereits seit mehreren Jahrzehnten eta-
bliert ist.[166]

In die technische Abstammungslinie des Fernsehens lässt sich ein augenförmiges Photometer also nicht
ohne Weiteres eingliedern, da es sich dabei um ein phy-
sikalisches Messinstrument handelt und nicht um einen
Kommunikationsapparat. Für die Materialgeschichte
des Selens ist das Auge allerdings ein Meilenstein. Wenn
nämlich Siemens' Augenanalogie das Selen und die Netzhaut gleichgesetzt, eröffnet das dem Selen den Weg hinaus
aus den spezialisierten elektrotechnischen Laboren der
Telegrafie und hinein in die Werkstätten und Tagträume
von Berufs- und Hobbyerfindern auf der ganzen Welt.
Unter anderem führt dieser Weg dabei in die Werkstatt
des amerikanischen Erfindersuperstars Alexander Graham Bell.

4.2 Das Photophon

Bells *photophone* ist eigentlich nur eine weitere Kuriosität
an der Peripherie der Elektrotechnik des späten 19. Jahrhunderts. Im Gegensatz zu Siemens' Auge hat das Photophon aber einen festen Platz in den tradierten Abstam-

---

[166] Darüber ist sich Schubin auch durchaus im Klaren. Vgl.
Schubin, „What Sparked Video Research in 1877?", S. 570 f.

mungslinien des Fernsehens. Das hat vor allem zwei
Gründe. Erstens handelt es sich beim Photophon um ein
tatsächlich funktionierendes Kommunikationsgerät, das
zusätzlich noch vom damals schon weltbekannten Erfinder des Telefons stammt. Zweitens wird Bells Erfindung
als der direkte Auslöser einer großen Erfinderwelle um
das Jahr 1880 angesehen, als mindestens sechs Erfinder
in Europa und den USA plötzlich mit ihren Fernsehideen
ans Licht der Öffentlichkeit treten – und zwar aufgrund
eines Missverständnisses.[167]

Der Auslöser dieses Missverständnisses ist ein versiegeltes Paket, das Bell und sein Assistent Sumner Tainter
Anfang des Jahres 1880 bei der Smithsonian Institution
hinterlegen. Darin sollen die Pläne für eine bahnbrechende Erfindung enthalten sein. Bell und Tainter depo-
nieren diese Pläne dort, um später einen etwaigen Priori-
tätsanspruch untermauern zu können. Eine solche Hinterlegung orientiert sich wohl an der patentrechtlichen
Praxis des *caveat*, das bei Patentbehörden hinterlegt wird,
um sich frühzeitig Ansprüche auf eine Erfindung zu si-
chern.[168]

Ob eine Hinterlegung im Smithsonian, das keine Pat-
entbehörde ist, eine geeignete Basis für einen solchen Anspruch hätte sein können, bleibt nebensächlich. Viel wich-
tiger ist der Effekt, den eine solche Geste hatte: Die Nachricht von diesem Paket versetzt die wissenschaftliche
Gemeinschaft in Aufruhr. „If rumour speaks truly", beginnt eine Notiz in *Nature* vom 15. April, „we are to hear

---

[167] Vgl. z.B. Raatschen, *Die technische und kulturelle Erfindung
des Fernsehens*, S. 51.

[168] Vgl. Raatschen, *Die technische und kulturelle Erfindung des
Fernsehens*, S. 50.

shortly of another scientific invention worthy to stand be-
side the telephone or the phonograph in point of interest."
Das kommende Instrument („a mysterious *telephote* or
diaphote") sei „capable of transmitting light as the telephone transmits sound".[169] Während es sich hierbei um
ein Gerücht handle, sei es aber eine Tatsache, dass Professor Bell kürzlich ein versiegeltes Paket in der Smithsonian Institution hinterlegt habe, so der anonyme Autor
der Notiz.[170] Einen Hinweis auf die Funktionsweise des
Instruments enthält die Notiz nicht, wodurch der Einbildungskraft der Leser_innen keine Grenzen gesetzt sind.

Für diejenigen Erfinder und Wissenschaftler, die
sich bislang eher stillschweigend mit dem Problem des
Fernsehens befassten, war diese Ankündigung eine Art
Weckruf: Der große Alexander Graham Bell, der das
Problem der Übertragung von Klang gelöst hat, befasst
sich mit dem Problem der Übertragung von Licht! Um
Bell bei der Enthüllung seiner Erfindung zuvorzukommen, präsentieren in den folgenden Monaten mehrere
Erfinder hastige Entwürfe und stellen ihnen teils frag-
würdige Prioritätsansprüche bei.[171] Eine der ersten Reaktionen kommt bereits eine Woche später von den bri-
tischen Professoren William Edward Ayrton und John
Perry: „We hear that a sealed account of an invention for

---

[169] O.A., „Physical Notes", *Nature* 21/546 (1880), 575–576, hier
S. 567. Obwohl Bell auch den Namen *photophone* unter Verschluss
hält, scheint er hier der Grund von Spekulationen zu werden. Vgl.
Raatschen, *Die technische und kulturelle Erfindung des Fernsehens*,
S. 57 f.

[170] „Physical Notes", S. 567.

[171] Vgl. Raatschen, *Die technische und kulturelle Erfindung des
Fernsehens*, S. 51.

seeing by telegraphy has been deposited by the inventor of the telephone."[172]

Ayrton und Perry argumentieren daraufhin, dass Bell keinen Anspruch auf eine solche Erfindung erheben könne, da alle Mittel für das „seeing by telegraphy" den Männern der Wissenschaft schon seit einiger Zeit bekannt seien, und zwar in Form der Lichtempfindlichkeit von Selen. Eine solche Erfindung sei deshalb „joint property" von Männern wie Willoughby Smith und anderen Wissenschaftlern und könne nicht von einem einzelnen Mann beansprucht werden.[173] Im Anschluss präsentieren Ayrton und Perry ihre eigenen Ideen für ein Fernsehgerät auf Selenbasis, um daraufhin zu spekulieren, dass Bells Erfindung wohl im Grunde ähnlich funktionieren müsse. Dessen seien sich die Professoren sicher, denn „the discovery of the light effect on selenium carries with it the principle of a plan for seeing with electricity".[174]

Schon innerhalb einer Woche ist also aus dem „transmitting light" der ersten Notiz „seeing with electricity" geworden. Exakt lässt sich der Informationsfluss hier nicht rekonstruieren, doch allein diese Steigerung gibt eine Idee vom Tempo der Gerüchte. Nach Ayrtons und Perrys Stellungnahme vergehen weitere vier Monate, in denen sich immer mehr Erfinder in Fachzeitschriften oder Pamphleten Gehör verschaffen, bis Alexander Graham Bell dann am 27. August 1880 vor die American Association for the Advancement of Science tritt, um seine neuste Erfindung zu enthüllen.

---

[172] Ayrton/Perry, „Seeing by Electricity", 1880, S. 589.
[173] Ayrton/Perry, „Seeing by Electricity", 1880, S. 589.
[174] Ayrton/Perry, „Seeing by Electricity", 1880, S. 589.

Bell teilt dem Publikum zunächst mit, dass auch er sich mit der Lichtempfindlichkeit von Selen befasst hat. Daraufhin stellt er kurz die Geschichte von Berzelius' und Smiths Entdeckungen sowie der bisherigen Erforschung der Lichtempfindlichkeit dar. Diese Geschichte ist ihm selbst unter anderem durch Wilhelm Siemens' Vorlesung vor der Royal Society (bei der Siemens das Auge demonstriert) vermittelt worden.[175]

Bisher, so Bell, seien in dieser Geschichte zum Nachweis der Lichtempfindlichkeit des Selens immer Galvanometer zum Einsatz gekommen. Diese Galvanometer, schlägt er vor, könne man durch ein ebenfalls hochempfindliches Instrument seiner eigenen Konstruktion ersetzen, nämlich durch das Telefon.[176] Ein Telefon übersetzt aber entweder die Vibrationen der Luft, also zum Beispiel der Stimme, in schnelle Stromschwankungen oder solche Stromschwankungen wiederum in hörbare Vibrationen. In einem gängigen Selenstromkreis, wie sie bisherige Experimentatoren aufbauten, müsste ein Telefon also stumm bleiben, da bei dem konstantem Licht dieser Experimente keine rapiden Stromschwankungen erzeugt werden. Um im Telefon einen Ton zu produzieren, so Bell weiter, dürfe das Licht deshalb nicht gleichbleibend auf das Selen fallen, sondern müsse schnelle Intensitätsschwankungen durchlaufen, die wiederum dieselben Schwankungen im

---

[175] Vgl. Alexander Graham Bell, „Upon the Production and Reproduction of Sound by Light", *Journal of the Society of Telegraph Engineers* 9/34 (1880), 404–426, hier S. 410, wo Bell auf den Abdruck der Vorlesung in den *Proceedings* der Royal Institution verweist.

[176] Bell, „Upon the Production and Reproduction of Sound by Light", S. 411.

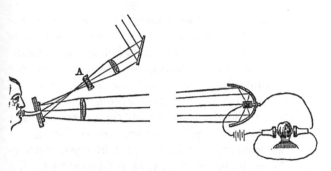

Abb. 4: Schema der Funktionsweise von Bells Photophon.
Der Sprecher links produziert durch Sprechen auf eine
Membran Vibrationen eines Spiegels. Diese Vibrationen führen
zu minimalen Ablenkungen des einfallenden Sonnenlichts.
Die entstehenden Lichtschwankungen werden an der
Empfängerstation rechts über eine Selenzelle und ein Telefon
wieder als Schall hörbar gemacht.

Widerstand des Selens zur Folge hätten. Diese Variation
könne einen hörbaren Ton produzieren. Bei Experimenten in dieser Richtung habe er festgestellt, dass es mittels
des Selens möglich sei, Lichtintensitätsschwankungen in
Stromschwankungen zu übersetzen, die er in einem Telefon hörbar machen könne.[177]

Diese Erkenntnisse sind die Grundlage für die Erfindung, die Bell daraufhin enthüllt: Das *photophone* kann
die menschliche Stimme auf einem Lichtstrahl übertragen
(Abb. 4). Im Sender werden die Vibrationen der Stimme
über einen einfachen Mechanismus in Vibrationen eines

---

[177] Bell, „Upon the Production and Reproduction of Sound by
Light“, S. 412.

Spiegels übersetzt, der fokussiertes Sonnenlicht beim Vibrieren mehr oder weniger ablenkt.[178] Der so produzierte „gewellte" (*undulatory*) Lichtstrahl fällt an der Empfängerstation auf einen Parabolspiegel mit einer Selenzelle im Zentrum und reguliert damit deren Widerstand in Abhängigkeit von der Vibration der Stimme. Die Veränderung des Widerstands führt zu Schwankungen in der Stromstärke im Empfängerstromkreis, die wiederum durch die Mechanismen des Telefons hörbar gemacht werden.[179] Das Photophon ist also „an instrument for talking along a beam of light instead of a telegraph wire", wie Bell später schreibt.[180]

Den Vorteil seiner neuen Erfindung gegenüber dem Telefon sieht Bell genau in jener Kabellosigkeit. „In warfare the electric communications of an army could neither be cut nor tapped. On the ocean communication may be carried on […] between vessels […] and lighthouses may be identified by the sound of their lights", schreibt Bell an seinen Vater.[181]

Für den mäßigen Erfolg des Photophons spielt weniger eine Rolle, dass es im Krieg oder auf hoher See möglicherweise hätte schwer werden können, einen Lichtstrahl auf eine Empfängerstation zu fokussieren, und dass eine solche Kommunikation zusätzlich stark vom vorhandenen

---

[178] Bell, „Upon the Production and Reproduction of Sound by Light", S. 420.

[179] Vgl. Bell, „Upon the Production and Reproduction of Sound by Light", S. 412–414.

[180] Alexander Graham Bell, „Observation. Twin Brother to Invention", *The Companion*, 7. Februar 1918.

[181] R. V. Bruce, *Bell*, London: Gallancz 1973, S. 337, zitiert nach Burns, *Television*, S. 55.

Sonnenlicht abhängig gewesen wäre.[182] Vielmehr wird das
baldige Ende des Photophons durch Guglielmo Marconis
Radiowellenübertragung im Jahr 1897 eingeleitet.[183] Während Bells Photophon zu dieser Zeit eine maximale Übertragungsstrecke von 213 Metern aufweisen konnte, lag
Marconis Reichweite bereits bei mehreren Kilometern.[184]
Langfristig kann sich das Photophon als Form der kabellosen Kommunikation also nicht durchsetzen.

Aber Bells Erfindung enttäuscht in erster Linie unmittelbar: „Talking on a beam of light" ist nur mit wohlwollender Interpretation gleichzusetzen mit dem „transfer
of light", den die erste Notiz in *Nature* ankündigte. Mit
„seeing by electricity" hat das Photophon aber sicherlich
nichts zu tun; die Gerüchte stellen sich als unbegründet
heraus und das Fernsehproblem bleibt weiterhin ungelöst.

Möglicherweise ist das Photophon dennoch die wichtigste Erfindung der frühesten Fernsehforschung, gerade
wegen den überhöhten Erwartungen an seine Fähigkeiten. Durch die vielen hastigen Veröffentlichungen des Jahres 1880 wird eine Art Hemmschwelle überschritten. Die
falsche Ankündigung, dass der Starerfinder Graham Bell
sich mit dem Problem des Fernsehens befasse, verleiht der
Idee des Fernsehens erst die nötige Ernsthaftigkeit und den
Erfindern damit den Mut, mit ihren Erfindungen an die
Öffentlichkeit zu treten. Für den Erfinderboom des Jahres

---

[182] Vgl. Ernst Ruhmer, *Das Selen und seine Bedeutung für die
Elektrotechnik mit besonderer Berücksichtigung der drahtlosen
Telephonie*, Berlin: Verlag der Administration der Fachzeitschrift
Der Mechaniker 1902, S. 54.
[183] Vgl. Burns, *Television*, S. 55.
[184] Vgl. Bell, „Upon the Production and Reproduction of
Sound by Light", S. 421.

1880 war Bells Einmischung also nicht nur mögliche Konkurrenz, sondern auch eine Form der Anerkennung ihrer bisherigen Forschung.[185] Ohne diese einflussreiche erste Erfindung, die Bells Photophon nie gewesen ist, wäre das Fernsehen möglicherweise noch viel länger ein kurioses Hirngespinst geblieben.

Vor allem markiert das Photophon aber die erste Verwendung einer Selenzelle in einem funktionierenden Kommunikationsapparat. Und es ist keine beiläufige Verwendung: Die Selenzelle ist das Herzstück des Photophons. Das gilt sowohl für den fertigen Apparat als auch für Bells Erklärung seiner Entstehung. Bell ist nämlich geradezu fasziniert vom Selen, „that remarkable substance".[186] Die Geschichtsdarstellung, die er seiner Enthüllung voranstellt, geht über eine Zusammenfassung bisher geleisteter Arbeiten weit hinaus. Selbst die Entdeckung durch Berzelius referiert Bell ausführlich, obwohl sie mit den relevanten technischen Aspekten des Selens nichts zu tun hat.[187] Und auch viel später greift er noch mehrfach auf die, aus seiner Sicht, drei glücklichsten Entdecker- und Erfindermomente der Selengeschichte zurück – Berzelius', Smiths, Bells –, anhand derer er seinem Publikum das Entdecken und Erfinden erklärt.[188] „The

---

[185] Vgl. Raatschen, *Die technische und kulturelle Erfindung des Fernsehens*, S. 52 und George Shiers, „Early Schemes for Television", *IEEE Spectrum* 7/5 (1970), 24–34, hier S. 27.

[186] Bell, „Upon the Production and Reproduction of Sound by Light", S. 404.

[187] Vgl. Bell, „Upon the Production and Reproduction of Sound by Light", S. 405 f.

[188] Alexander Graham Bell, *Discovery and Invention*, Washington, D.C.: Judd & Detweiler 1914, S. 653 f. und Bell, „Observation".

close observation of little things is *the secret to success* in business, in art, in science, and in every pursuit of life", lautet dabei das Fazit.[189]

Wie man an der Selengeschichte sehen kann, reicht es allerdings nicht, lediglich einen Blick für die kleinen Dinge zu haben – vielmehr müssen die kleinen Dinge erst den Weg zu ihren Erfindern und Entdeckern finden. Das Selen erreicht Bell von Willoughby Smith über einflussreiche Forscher wie Werner Siemens und seinen Bruder Wilhelm sowie dessen Augenapparat. Mit der Vorstellung des Photophons und seiner idealisierenden Darstellung des Selens leistet Bell dann selbst einen nicht zu unterschätzenden Beitrag zur Verbreitung des Materials. Vor allem über Apparate wie das künstliche Auge und das Photophon findet das Selen seinen Weg an diejenigen Orte, an denen bald darauf das frühe Fernsehen entstehen sollte.

4.3 *Das Fernsehproblem*

Die bisher vorgestellten Apparate sind keine Fernseher. Doch was ist eigentlich ein Fernseher? Wie stellt man sich Fernsehen um 1880 vor? Wie lässt sich die Entstehung der Idee des Fernsehens nachvollziehen und was ist die technische Grundlage einer solchen Idee? Bei der Beantwortung dieser Fragen wird klar, woher die Probleme stammen, für die die Lichtempfindlichkeit des Selens eine Lösung zu bieten scheint.

Weit verbreitet ist die Vorstellung, dass das Sprechen mit weit entfernten Personen über das Telefon die Fan-

---

[189] Bell, *Discovery and Invention*, S. 654.

tasie des Telefonierenden anregt: „Schon Manchem wird
beim Telephoniren der Gedanke aufgetaucht sein, dass
uns noch ein Instrument fehle, was dasselbe für das Auge
leistet, wie das Telefon für das Ohr. Man müsste die Person, mit der man spricht, auch gleich sehen." So beginnen die *Beiträge zum Problem des elektrischen Fernsehens*
von Raphael Eduard Liesegang, in denen er zum ersten
Mal den Begriff Fernsehen für die neuen Apparate verwendet.[190] Ganz ähnlich formuliert auch der Fernsehpionier Paul Nipkow sein eigenes Ziel, nämlich „einen Apparat zu schaffen, der in ähnlicher Weise, wie das Telephon
dem Ohre, dem Auge die Möglichkeit gebe, Dinge wahr-
zunehmen, die weit außerhalb seines natürlichen Wirkungskreises sich befinden".[191] Die Idee des Fernsehens
folgt scheinbar direkt aus der Möglichkeit, sich mit weit
entfernten Personen zu unterhalten.

Diese Entwicklung kann man besser nachvollziehen,
wenn man sich vor Augen führt, dass das Telefon um 1880
versprach, weit mehr zu sein als ein Fernsprechapparat.
Möglicherweise ist es schwer, sich den vollen Umfang dieser Erweiterung des „natürlichen Wirkungskreises" der
Ohren vorzustellen, gerade in heutigen Zeiten, in denen
die Telefonie lediglich zur mündlichen Kommunikation
dient. Aber in seiner Frühzeit stand das Telefon für eine

---

[190] Raphael Eduard Liesegang, *Beiträge zum Problem des elektrischen Fernsehens*, 2. Aufl., Düsseldorf: Liesegang 1899, S. 3. Auf
diese erste Verwendung des Begriffs hat Siegfried Zielinski hingewiesen. Vgl. Siegfried Zielinski, *Audiovisionen. Kino und Fernsehen als Zwischenspiele in der Geschichte*, Reinbek bei Hamburg:
Rowohlt 1989, S. 126.

[191] Paul Nipkow, „Der Telephotograph und das elektrische
Teleskop", *Elektrotechnische Zeitschrift* 6 (1885), 419–425, hier
S. 419.

ganzheitlichere Erweiterung des menschlichen Horizonts. So konnten zum Beispiel Besucher der Pariser Exposition Internationale d'Électricité im Jahr 1881 mittels der ausgestellten Telefonapparate die Musik hören, die zeitgleich in der mehrere Kilometer entfernten Pariser Oper sowie der Comédie Française gespielt wurde.[192] Bald darauf entstehen in mehreren Städten Telefondienste, die ihren Abonnenten ein breites Spektrum von Hörkultur präsentieren. Das Programm umfasst dabei Musikdarbietungen, Theaterstücke, Reden, Nachrichten und Predigten.[193] Es wurde über lange Zeit als ein wesentlicher Bestandteil der Zukunft des Telefons angesehen, die Welt am hauseigenen Telefonanschluss hörbar zu machen. In dieser Funktion wird das Telefon erst einige Jahrzehnte später durch das Radio abgelöst.

Die Übertragung von Stimmen und Tönen mag für die frühen Fernseherfinder also eine große Inspiration gewesen sein. In technischer Hinsicht ist aber die telegrafische Übertragung von Einzelbildern die wichtigere Vorgängertechnologie des Fernsehens. Vom Münchner Physikprofessor Arthur Korn wird die *Bildtelegraphie* in seinem gleichnamigen Buch von 1923 jedoch ebenfalls in Abhängigkeit von der Telefonie eingeführt: So wie es durch die Telegrafie möglich werde, „Buchstaben, Worte, Sätze usw." und durch die Telefonie „das gesprochene Wort und Schallerscheinungen jeder Art" zu übermitteln, so sei „natürlich auch der Wunsch rege geworden, Bilder, die Erscheinungen, welche durch das Licht entstehen, auf

---

[192] Vgl. Raatschen, *Die technische und kulturelle Erfindung des Fernsehens*, S. 40 f.

[193] Vgl. Patrick R. Parsons, *Blue Skies. A History of Cable Television*, Philadelphia: Temple University Press 2008, S. 17.

telegraphischem Wege in weite Ferne zu senden".[194] Korn
versucht damit wohl dem großen Interesse am Telefon
entgegenzukommen, denn im so eingeleiteten Buch zeigt
er selbst, dass die Bildtelegrafie eine viel ältere Technik als
das Telefon ist.[195]

Die frühesten Formen der telegrafischen Übertragung
von Bildern sind die Kopiertelegrafen von Alexander
Bain und Frederick Bakewell aus den Jahren 1843 beziehungsweise 1848.[196] Mittels dieser Apparate können einfache schwarz-weiße Zeichnungen oder Handschriften
auf elektrochemischem Weg übertragen werden. Dazu
muss die Vorlage in Form von isolierender Tinte auf einer leitenden Oberfläche angefertigt oder auf eine solche
übertragen werden. Bei der Übertragung wird das Bild
auf einen Zylinder gespannt, der kontinuierlich gedreht
wird. Ein Metallstift wandert dann langsam entlang der
drehenden Oberfläche, sodass er das Bild zeilenweise ab-
läuft. Dabei wird der am Stift anliegende Stromkreis immer dann geschlossen, wenn der Stift eine leitende Oberfläche berührt. Auf der Empfängerseite läuft ein weiterer,
mit dem ersten elektrisch verbundener Stift im selben
Muster über eine chemisch präparierte Oberfläche, die
sich genau an den Stellen verfärbt, an denen Strom ge-

---

[194] Arthur Korn, *Bildtelegraphie*, Berlin: Walter de Gruyter
1923, S. 5.

[195] Für eine Mediengeschichte der Bildtelegrafie siehe Christian Kassung/Albert Kümmel-Schnur (Hgg.), *Bildtelegraphie. Eine
Mediengeschichte in Patenten (1840–1930)*, Bielefeld: transcript
2012.

[196] Vgl. Korn, *Bildtelegraphie*, S. 7. Siehe auch Russell W. Burns,
Communications. An International History of the Formative Years
(IET History of Technology Series 32), London: The Institution of
Engineering and Technology 2004, S. 207–213.

flossen ist, während sie an den übrigen Stellen farblos bleibt. Die Übertragung kommt also dadurch zustande, dass der Stromkreis an den Stellen mit der nichtleitenden Tinte unterbrochen wird und sich deshalb an diesen Stellen auf der Empfängerseite das chemische Substrat nicht verfärbt.[197]

Ein späterer Kopiertelegraf von Giovanni Caselli von 1855 funktioniert auf ganz ähnliche Weise. Auch hier muss das Bild zunächst in die übertragbare Form von nichtleitender Tinte auf leitender Unterlage gebracht werden. Dieser Caselli'sche Pantelegraph kommt einige Jahre lang in Frankreich zum Einsatz und kann damals auch von der Öffentlichkeit genutzt werden.[198]

Die elektrochemische Methode ist auf die Übertragung von rein schwarz-weißen Bildern beschränkt. Mit einigen späteren Methoden können jedoch auch Schattierungen vermittelt werden, was die Übertragung von Fotografien ermöglicht. Ein Beispiel für eine solche Methode ist die Reliefmethode, die der Amerikaner Noah Amstutz zum ersten Mal in einem Apparat umsetzt.[199] Dabei wird das zu übertragende Bild zunächst in ein Reliefbild umgesetzt, bei dem die Höhe des Reliefs der Helligkeit des Bildes an dieser Stelle entspricht. Bei der Übertragung wird ein Taststift zeilenweise über das Bild geführt, wobei dann mittels eines einfachen Mechanismus entsprechend

---

[197] Vgl. Korn, *Bildtelegraphie*, S. 8 ff.

[198] Vgl. Korn, *Bildtelegraphie*, S. 12 f. Siehe auch Julia Zons, *Casellis Pantelegraph. Geschichte eines vergessenen Mediums*, Bielefeld: transcript 2015.

[199] Noah S. Amstutz, „Method of Reproducing Photographs", United States Patent Office, Patent No. 577373, 16. Februar 1897. Vgl. Korn, *Bildtelegraphie*, S. 93.

der Höhe der abgetasteten Erhebung mehr oder weniger Strom an die Empfängerstation geleitet wird. Amstutz gelingt es im Jahr 1895 so, Fotografien mit fünf abgestuften Helligkeitswerten zu übertragen.[200]

Das ist das erste Problem, auf das die Bildtelegrafie mit dem Einsatz von Selen reagieren kann. Ein Selenwiderstand ermöglicht nämlich die stufenlose Übersetzung der Helligkeit einer abgetasteten Bildstelle in einen entsprechend starken Strom, der dann an die Empfängerstation übertragen werden kann. Die zu übertragenden Bilder müssen dank Selen also nicht mehr auf diskrete oder sogar binäre Werte reduziert werden.

Darüber hinaus bietet das Selen einen entscheidenden Zeitvorteil: Allen Methoden der frühen Bildtelegrafie ist gemeinsam, dass sie das zu übermittelnde Bild vor der eigentlichen Übermittlung zunächst in einen übermittlungsfähigen Zwischenzustand bringen müssen. Im Fall der Reliefmethode ist die Herstellung dieses Zwischenzustands ganz besonders kompliziert und zeitaufwendig.[201] Für die Übertragung einzelner Fotografien mögen solche Zwischenschritte lediglich Unannehmlichkeiten sein; als technische Grundlage einer Fernsehtechnik, die einen kontinuierlichen Bilderstrom übertragen will, kommen sie aber nicht infrage. Die doppelte Übersetzung vom Gegenstand zum fotografischen Bild zum Übertragungsbild müsste für die instantanen Übertragungen des Fernsehens extrem verkürzt, am besten aber gänzlich umgangen werden.

---

[200] Vgl. Korn, *Bildtelegraphie*, S. 93.
[201] Vgl. Korn, *Bildtelegraphie*, S. 94.

Das meint auch der Fernsehpionier Raphael Eduard Liesegang, wenn er darauf besteht, dass man für echtes Fernsehen versuchen muss, „direct das Linsenbild zu übertragen", statt auf die Herstellung von Zwischenformen angewiesen zu bleiben.[202] Liesegang führt weiter aus:

Um dies zu ermöglichen, muss man Wirkungen des Lichtes kennen lernen, welche entweder die Entstehung eines electrischen Stromes zur Folge haben oder welche auf einen vorhandenen Strom modificirend einwirken können. Das Licht muss also etwas Aehnliches ausüben, wie der Schall beim Telephoniren, welcher ebenfalls entweder electromotorisch wirkt (beim alten Bell'schen Telephon) oder Schwankungen in einem vorhandenen Strom (beim Microphon) erzeugt.[203]

Das Selen bietet erstmals die Möglichkeit einer solchen Lichtwirkung. Mithilfe des Selens scheint die direkte Übermittlung von „Linsenbildern" ohne Zwischenschritte in greifbarer Nähe. Deshalb beruht die Fernsehtechnik, die Liesegang daraufhin vorstellt, so wie fast jede frühe Fernsehtechnik, auf dem Einsatz von Selenzellen.

Hier wird deutlich, dass erst mit dem Selen die Möglichkeit einer prinzipiellen technischen Ähnlichkeit des Telefons auf der einen und der Bildtelegrafie und des Fernsehens auf der anderen Seite gegeben ist. Denn das Telefon funktioniert, wie Liesegang oben ausführt, durch die sofortige Umsetzung von Schall in Strom. Zwar werden auch die Bilder der Bildtelegrafie in Strom übersetzt, doch diese Umwandlung umfasst langwierige handwerk-

---

[202] Liesegang, *Beiträge zum Problem des elektrischen Fernsehens*, S. 5.
[203] Liesegang, *Beiträge zum Problem des elektrischen Fernsehens*, S. 6.

liche Prozesse. Erst durch die Lichtempfindlichkeit des Selens entsteht die Möglichkeit einer instantanen Umsetzung von Licht in Strom. Das wiederum gibt der Bildtelegrafie die prinzipielle Möglichkeit, in die Zeitordnung des Telefons zu wechseln und damit zum Fernsehen zu werden – so ließe sich zumindest die Hoffnung der damaligen Bildtelegrafie- und Fernsehtechniker formulieren. In der Praxis ist das Selen jedoch Lösung und Problem gleichermaßen. Die folgenden Apparate des frühen Fernsehens illustrieren diesen Punkt.

4.4 Fernsehen I – Mosaik

Unter den frühesten Ideen für das Fernsehen, die in Reaktion auf die Ankündigung von Bells Erfindung oder sogar früher vorgestellt werden, gibt es eine Reihe von Apparaten, die sich in ihrer Funktionsweise so ähnlich sind, dass sie hier gemeinsam beschrieben werden sollen. Zu dieser Gruppe zählen unter anderem George R. Careys *selenium camera*, Dennis D. Redmonds *electric telescope* sowie der unbenannte Vorschlag von Ayrton und Perry.[204] Während sich die Empfängeranordnungen der Apparate unterscheiden, ist die grundlegende Idee eines selenhaltigen Geberapparates, der das Bild aufnimmt und übermittelt, stets dieselbe: In einer *camera obscura* wird das zu übertragende Bild auf eine Fläche projiziert, auf der eine große Anzahl von Selenzellen verteilt ist – nach Art eines Mosaiks (Abb. 5).

---

[204] George R. Carey, „Seeing by Electricity", *Scientific American* 42/23 (1880), 355; Denis D. Redmond, „An Electric Telescope", *English Mechanic and World of Science* 28 (1879), 540; Ayrton/Perry, „Seeing by Electricity", 1880.

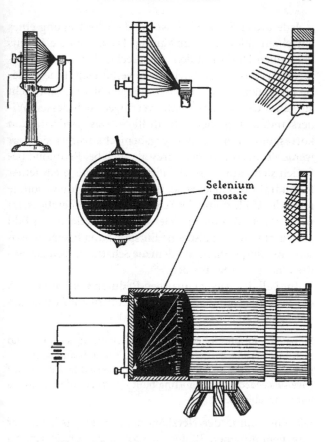

Abb. 5: Schema von Careys *selenium camera*.
Die Abbildung zeigt mehrere Ansichten eines Selenmosaiks
in runder Anordnung zur Verwendung innerhalb einer
camera obscura. Jede der Selenzellen wird einzeln durch
Drähte an einen Stromkreis angeschlossen.

Jede dieser Selenzellen ist für die Übertragung eines einzelnen Bildpunkts zuständig. Dazu sind sie jeweils über einen Draht mit dem entsprechenden Wiedergabemechanismus auf der Geberseite verbunden. Eine Batterie pro Selenpunkt liefert den nötigen Strom. Fällt Licht auf eines der Selenelemente, verringert sich dessen Widerstand, sodass mehr Strom fließt, was wiederum am korrespondierenden Wiedergabemechanismus sichtbar werden soll. Sowohl bei Carey als auch bei Redmond befinden sich zum Beispiel auf der Geberseite je ein feiner Platindraht pro Selenzelle, der intensiver glühen soll, je mehr der Widerstand des Selens durch Licht herabgesetzt wird.[205] Das Mosaik aus Selenzellen, auf welches das Bild projiziert wird, hat also eine Entsprechung in einem Mosaik aus Glühdrähten, auf dem die Schattierungen des Bildes erneut sichtbar werden.[206]

Im Fall des Augenchirurgen Redmond orientiert sich der Vorschlag eines Selenmosaiks explizit am Aufbau des menschlichen Auges. Redmond erklärt:

By using a number of circuits, each containing selenium and platinum arranged at each end, just as the rods and cones are in the retina, the selenium end being exposed in a camera, I have succeeded in transmitting built-up images of very simple luminous objects.[207]

Die Vorstellung der Netzhaut als Projektionsfläche der wahrgenommenen Bilder ist spätestens seit Hermann Helmholtz' Erfindung des Augenspiegels zunehmend

---

[205] Vgl. Carey, „Seeing by Electricity".

[206] Der Begriff *mosaic* stammt von Ayrton und Perry. Vgl. Ayrton/Perry, „Seeing by Electricity", 1880, S. 589.

[207] Redmond, „An Electric Telescope", S. 540.

verbreitet. Der Augenspiegel ist ein Instrument, „durch welches es möglich ist, im lebenden Auge die Netzhaut selbst und die Bilder leuchtender Körper, welche auf ihr entworfen werden, genau zu sehen und zu erkennen".[208] Dieses Instrument steht damals für nicht weniger als „die Sichtbarmachung des Sehens selbst" und trägt so entscheidend zur Entwicklung der physiologischen Augenheilkunde bei.[209]

In der Tat ist es aber unwahrscheinlich, dass Redmond mit dem beschriebenen Apparat Bilder übermitteln konnte. „Built-up images of very simple luminous objects" bezieht sich vermutlich auf Experimente mit einigen wenigen Selenzellen und nicht mit einer vollen Mosaikfläche. Das liegt daran, dass das Mosaikkonzept mit der Materialität der Komponenten, vor allem derjenigen des Selens, weitestgehend unvereinbar ist. Das Selen macht Redmonds *electric telescope* und ähnliche Apparate als Fernsehgeräte unrealisierbar. Dabei spielen mehrere Aspekte eine Rolle: die Anzahl der benötigten Komponenten, die physikalischen Eigenschaften des Selens sowie die Tatsache, dass Selenzellen sich nicht identisch reproduzieren lassen.

---

[208] Hermann von Helmholtz, *Beschreibung eines Augen-Spiegels zur Untersuchung der Netzhaut im lebenden Auge*, Berlin: A. Förstner'sche Verlagsbuchhandlung 1851, S. 3.
[209] Vgl. Oliver Gaycken, „Seeing Seeing. Hermann von Helmholtz and the Invention of the Ophthalmoscope", in: John Fullerton/Astrid Söderbergh Widding (Hgg.), *Moving Images. From Edison to the Webcam* (Stockholm Studies in Cinema), Sidney: Libbey 2000, S. 29–37, hier S. 29, sowie Margarete Vöhringer, „Der Augenspiegel. Sehen und Gesehen werden im 19. Jahrhundert", in: Beate Ochsner/Robert Stock (Hgg.), *senseAbility. Mediale Praktiken des Sehens und Hörens*, Bielefeld: transcript 2016, S. 45–58.

Der erste Aspekt ist die Größe des Mosaiks. Keiner der genannten Vorschläge benennt die genaue Anzahl der Bildpunkte, die das Mosaik umfassen soll. Aber eine einfache Rechnung ergibt, dass selbst bei einer verhältnismäßig niedrigen Auflösung von 30 mal 30 schon 900 Bildpunkte mit jeweils einer Selenzelle, einem Telegrafendraht und einem Wiedergabepunkt ausgestattet werden müssen. Erhöht man die Anzahl der übertragenen Zeilen und Spalten, steigt die Anzahl der Bildpunkte im Verhältnis exponentiell an. Eine große Anzahl von Bildpunkten ist an sich kein Problem, doch sie hat einige Implikationen, die die Erfinder nicht bedacht haben. Die erste Hürde für den praktischen Einsatz von Mosaikapparaten wäre die Anzahl der benötigten Verbindungen. 900 Bildpunkte bedeutet 900 Drahtverbindungen vom Sender zum Empfänger. Während im Labor durchaus 900 Drähte vorhanden sein können, stehen dem Fernsehen unter tatsächlichen Bedingungen der Ferne meistens nur etwa ein bis drei Telegrafendrähte zur Verfügung. Ebenso müssten 900 Selenzellen verbaut werden, was einen extremen finanziellen Aufwand bedeutet hätte.

Es verwundert deshalb nicht, dass Ayrton und Perry zugeben, ihren Vorschlag tatsächlich nicht ausgeführt zu haben, „because of its elaborate nature, and on account of its expensive character". Die beiden Professoren raten sogar explizit vom Versuch ab, einen Apparat in dieser Form auszuführen. Diese Einschätzung ist aber im Kontext der Gerüchte um Bells Photophon zu lesen. Ayrton und Perry befürchten nämlich, dass der Amerikaner Bell durch den großen Erfolg seines Telefons durchaus über „sufficient money and leisure to carry out the idea" verfügt.[210] Durch ihre Veröffentlichung hoffen sie, dem berühmten Bell, wenn schon nicht praktisch, so zumindest theoretisch zuvorzukommen.

Aber auch die erhebliche Finanzkraft eines Alexander Graham Bell wäre wohl nicht fähig, einen Mosaikapparat in den Bereich der unmittelbaren Machbarkeit zu rücken. Das liegt vor allem an den elektrischen Eigenschaften des Selens. So lässt sich bezweifeln, ob der sehr große Widerstand des Selens zusammen mit der geringen Lichtstärke pro Bildpunkt genügend Strom hätten fließen lassen, um die angedachten Wiedergabemechanismen zu betreiben. Gerade Careys und Redmonds Vorschläge sind in dieser Hinsicht besonders fragwürdig, denn deren Platinglühdrähte benötigen viel Strom und reagieren im Allgemeinen langsam.

Die Professoren für Elektrotechnik Ayrton und Perry machen einen wesentlich realistischeren Vorschlag und greifen für ihre Wiedergabe auf das Galvanometer zurück, einen der empfindlichsten Apparate, den die Labore des Jahres 1880 zu bieten haben. Der veränderliche Widerstand der Selenzelle sollte an der Empfängerstation den Ausschlag eines Galvanometers bewirken. Die Nadeln dieser 900 Galvanometer wiederum würden jeweils durch ihre Bewegung das Öffnen und Schließen einer Blende steuern. Das Bild soll sich also durch das Licht ergeben, das durch ein solches Blendenmosaik auf eine Leinwand fällt, wobei an den dunklen Stellen geschlossene und an den hellen Stellen offene Blenden stehen.[211]

---

[210] Ayrton/Perry, „Seeing by Electricity", 1880, S. 589.
[211] Vgl. Ayrton/Perry, „Seeing by Electricity", 1880, S. 589.

Die Machbarkeit dieser Vorschläge wird aufgrund des großen Widerstands des Selens aber bereits von zeitgenössischen Kommentatoren infrage gestellt. So reagiert der New Yorker Elektriker William Sawyer auf Careys Artikel im *Scientific American* mit einer umfassenden und informierten Kritik. Sawyer ist selbst lange Zeit beruflich mit der Weiterentwicklung von bildtelegrafischen Verfahren beschäftigt und befasst sich nebenbei mit Fernsehtechnik.[212] In einer Mitteilung an den *Scientific American* gibt er seine Einschätzung: „The most delicate apparatus would not indicate a change of resistance by the projection of light upon merely a selenium point."[213]

Zu große Anzahl von benötigten Verbindungen und zu schwache Ströme – diese Gründe sind es auch, die von heutigen Autor_innen meistens für das frühzeitige Scheitern der Mosaikapparate verantwortlich gemacht werden.[214] Es gibt aber noch ein drittes grundlegendes Problem bei der praktischen Umsetzung eines Mosaikapparates mit Selenzellen, das in heutigen Fernsehgeschichten keine Erwähnung findet und das selbst den meisten Zeitgenossen zu entgehen scheint. Dieses Problem betrifft die Reproduzierbarkeit der Selenzellen. Für den Betrieb eines Mosaikapparates wäre eine Anzahl in der Größenordnung von 900 oder mehr Zellen nötig. Alle verwendeten Zellen müssen in Widerstand und Empfindlichkeit *identisch* sein. Sowohl die Selenpunkte als auch die Wiedergabemechanismen dürfen

---

[212] Vgl. Raatschen, *Die technische und kulturelle Erfindung des Fernsehens*, S. 242.

[213] William Edward Sawyer, „Seeing by Electricity", *Scientific American* 42/24 (1880), 373.

[214] Vgl. zum Beispiel Shiers, „Early Schemes for Television", S. 26 und Burns, *Television*, S. 60.

untereinander nur sehr geringe Abweichungen zeigen, da diese Abweichungen direkt als Helligkeitsunterschiede und damit als Bildstörungen sichtbar werden würden.

Viele Erfinder schenken diesem Punkt scheinbar keine Beachtung, vermutlich weil sie zum Zeitpunkt ihrer frühzeitigen Veröffentlichungen noch gar nicht oder nicht lange praktisch mit einer größeren Menge von Selenzellen gearbeitet haben. Dabei steht die bereits beschriebene Realität der Selenzellenproduktion in starkem Kontrast zu der Vorstellung eines Mosaikapparates: Forscher wie Werner Siemens, Charles Fritts und Salomon Kalischer schaffen es auch in den späten 1880er Jahren nicht, auch nur eine Handvoll Selenzellen mit identischen Widerständen und Empfindlichkeiten zu produzieren.[215] Eine Fläche aus Hunderten von identischen Punkten ist also schlicht nicht vereinbar mit der unkontrollierbaren Materialität des Selens.

Für diese Einschätzung spricht auch, dass Ayrton und Perry sich nach einem Jahr der intensiven Arbeit an ihrem Fernsehapparat mit einer Vorlesung zurückmelden, die die dringliche Erkenntnis enthält, dass die Anzahl der nötigen Selenzellen zu reduzieren sei:

[Ayrton and Perry] explained how their method of putting, say, thirty or forty selenium cells on a revolving arm would enable them, while dispensing with a large number of cells, to transmit electrically a complete picture of even moving objects, and would in addition obviate the difficulty arising from abnormal variations of selenium.[216]

---

[215] Siehe Kapitel 3.4 in dieser Arbeit.
[216] O. A., „Seeing by Electricity", *Nature* 23/592 (1881), 423–424, hier S. 424.

Zu dieser Erkenntnis gelangen Ayrton und Perry über die praktische Erfahrung im Umgang mit Selen. In der Zwischenzeit haben sich die Professoren nämlich zunächst mit dem Problem der zu geringen Ströme befasst. Im Zuge dessen versuchen sie sich an der Herstellung von Selenzellen mit geringeren Widerständen. Insgesamt fertigen sie dabei 25 Selenzellen an.[217] Diese 25 Zellen stellen sich in ihren Eigenschaften als so unterschiedlich und veränderlich heraus, dass die Professoren scheinbar gezwungen sind, in den frühesten Veröffentlichungen der Selenforschung Rat zu suchen. So setzen sie die Erfahrung ihrer eigenen Produktion beispielsweise mit derjenigen von Adams und Day aus dem Jahr 1876 ins Verhältnis.[218] Die Folge ihrer eigenen Materialpraxis ist die Abkehr vom Mosaikverfahren und die damit einhergehende radikale Reduktion der Zellenanzahl auf „thirty or forty". Zumindest theoretisch, denn diese Anzahl liegt bemerkenswerterweise immer noch gerade jenseits des von ihnen Realisierbaren.

Auch Jahrzehnte später werden aber noch mosaikähnliche Apparate vorgeschlagen. In *Das Selen*, einem umfangreichen Band von 1918, nennt Christoph Ries die Mosaikvorhaben von Lux (1906), Nisco (1907), Ruhmer (1909) und Dosai (1911).[219] Ries hat sich nicht nur ausführlich mit der Geschichte des Selens und seiner technischen Nutzung auseinandergesetzt, sondern auch selbst an praktischen Verfahren zur Herstellung von Selenzellen

---

[217] Vgl. „Seeing by Electricity", 1881, S. 423.
[218] Vgl. „Seeing by Electricity", 1881, S. 423 f.
[219] Vgl. Ries, *Das Selen*, S. 342.

gearbeitet. Der Selenexperte findet deshalb klare Worte
für die neuen Mosaikvorschläge:

Die Anwendung einer so großen Zahl von Selenzellen, wie sie
die zuletzt genannten Konstruktionen aufweisen, empfiehlt
sich natürlich nicht für die Praxis. Abgesehen davon, daß die
Herstellung eines solchen Apparates sehr kompliziert und mit
beträchtlichen Kosten verbunden wäre, käme als Haupterfor-
dernis dazu, daß alle Zellen unter sich vollständig gleich sein
müßten. Es handelt sich also hier doch wohl nur um einen allerdings ganz interessanten Vorschlag, in der Praxis aber wird
man mit einer oder wenigen lichtempfindlichen Zellen auskom-
men müssen.[220]

Obwohl also inzwischen 38 Jahre seit den Entwürfen von
Carey, Redmond, Ayrton und Perry vergangen sind, in
denen die Selenforschung weiter Fortschritte gemacht hat,
sind die Gründe gegen einen Mosaikapparat also immer
noch dieselben: hoher Preis, komplizierter Aufbau und
mangelnde Reproduzierbarkeit der Zellen. Mehr noch,
statt Ayrton und Perrys „thirty or forty" schätzt Ries die
realistische Anzahl von Selenzellen in einem Fernsehgerät auf „eine oder wenige". Als der Physiker George P. Barnard noch später, im Jahr 1930, einen ähnlich umfangreichen Band zur *Selenium Cell* verfasst, kommentiert er die
Mosaikapparate sogar noch entschiedener. Er ist sich sicher, „that no two selenium cells will behave in an exactly
similar manner, and it is impossible to obtain an exact
reproduction".[221]

---

[220] Ries, *Das Selen*, S. 349.
[221] George P. Barnard, *The Selenium Cell. Its Properties and
Applications*, London: Constable & Company 1930, S. 272.

Während der gesamten Frühgeschichte des Fernsehens bleibt es also unmöglich, eine Fläche mit identischen Selenzellen zu bestücken, weil das Selen sich nicht zur Gleichmäßigkeit bringen lässt. Das Material eignet sich nicht zur Produktion eines ebenmäßigen und neutralen Bildgrunds. Mit dieser Erkenntnis muss sich die frühe Fernsehtechnik von allen flächigen Vorbildern verabschieden: von der Leinwand, dem fotografischen Film und nicht zuletzt auch von der Netzhaut.

4.5 Fernsehen II – Scannen

Wenn es nicht möglich ist, etwas in seiner Gänze zu erfassen, muss man stattdessen Stück für Stück vorgehen. Für heutige Fernsehhistoriker ist das Zerlegen eines Bildes in Punkte und deren serielle Übertragung „the obvious method".[222] Doch *Scannen* – im Deutschen gelegentlich auch *Abtasten* – ist alles andere als trivial. Das stellt auch die frühe Fernsehforschung fest. Ihr kommt bei der Anwendung dieser Methode aber die jahrzehntelange Erfahrung zugute, die die Bildtelegrafie bereits im Zerlegen, Übertragen und Zusammensetzen von Bildern hat. Jene Bildtelegrafie schickt, wie oben bereits kurz ausgeführt, schon seit Jahren das „Nebeneinander" der Bildpunkte als ein zerlegtes „Nacheinander" durch die Telegrafenkabel.[223] Insofern verwundert es vielleicht nicht, dass einige

---

[222] Burns, *Communications*, S. 220.
[223] Auf diese Unterscheidung kondensieren die Physiker Simon und Suhrmann den Scanvorgang. Vgl. Helmut Simon/Rudolf Suhrmann, *Lichtelektrische Zellen und ihre Anwendung*, Berlin: Verlag von Julius Springer 1932, S. 320.

Vorschläge für frühe Scanapparate für das Fernsehen aus dem Bereich der Bildtelegrafie kommen.

William Sawyer beispielsweise, dessen Hinweis auf die Unmöglichkeit von Careys Selenmosaik oben bereits zitiert wurde, arbeitet lange Zeit als Bildtelegrafietechniker. In den Jahren vor 1880 beschäftigt er sich im Auftrag der Atlantic & Pacific Telegraph Company mit der Weiterentwicklung der elektrochemischen Bildübertragung.[224] Dabei will er vor allem die umständliche Herstellung der zu übertragenden Zeichnungen auf metallischem Papier mit nichtleitender Tinte abschaffen. Stattdessen sollen seine Entwicklungen es ermöglichen, mit einem normalen Bleistift auf normalem Papier vorgenommene Darstellungen (Nachrichten, Zeichnungen etc.), zu übertragen, und zwar „directly from the paper upon which the message is written, without having recourse to transferring or other preparatory processes".[225]

Die einzige Bedingung, die Sawyer stellt, ist, dass die Nachricht auf einer weichen Unterlage und mit einem harten Bleistift niedergeschrieben wird. Dadurch soll auf der Rückseite des Papiers eine Art Prägung entstehen, die in Form von Wölbungen des Papiers die Nachricht widerspiegelt. Dieses Relief wird dann von Sawyers vorgeschlagenem Apparat abgetastet, indem ein Abtastrad über das Bild rollt und die Erhöhungen in Strom übersetzt, um

---

[224] Zur Biografie Sawyers vgl. Raatschen, *Die technische und kulturelle Erfindung des Fernsehens*, S. 241 ff.

[225] William Edward Sawyer, „Improvement in Autographic Telegraph-Transmitters", United States Patent Office, Patent No. 195236, 18. September 1877.

diesen dann an ein reguläres elektrochemisches Empfängersystem zu übertragen.[226]

Im Zuge seiner Kritik an Careys Apparat von 1880 stellt Sawyer einen eigenen Fernseher vor. Diesen Apparat habe Sawyer aber bereits im Jahr 1877 entwickelt – also in dem Jahr, in das auch das oben beschriebene Patent aus der Bildtelegrafie fällt.[227] Und tatsächlich überträgt Sawyers Vorschlag in gewisser Weise die Prinzipien der Bildtelegrafie auf die neuen Möglichkeiten des Selens. Die Selenzelle übernimmt dabei die Rolle des Abtastrades, indem sie spiralförmig über das Lichtbild geführt wird. Das Selen bietet sich für diese Ersetzung an, weil es ebenso wie das Rad in der Lage ist, instantan auf die abgetastete Bildstelle zu reagieren. Die Stromschwankungen, die dabei im Selenstromkreis entstehen, werden aber nicht wie in der Bildtelegrafie an der Empfängerstation zur elektrochemischen Aufzeichnung gebracht. Stattdessen sollen sie direkt ans Auge vermittelt werden.

Der Lichteindruck soll bei Sawyer vom Funkensprung ausgehen, der durch den fließenden Strom zwischen zwei Platindrähten induziert wird. Diese Platindrähte befinden sich am Ende eines dünnen Rohres, das sich synchron mit der Aufzeichnungszelle spiralförmig durch das Gesichtsfeld eines menschlichen Empfängers bewegen soll. Wenn also die Helligkeit an einer entsprechenden Bildstelle hoch ist, wird der Selenwiderstand herabgesetzt und es fließt mehr Strom. Dieser Strom löst gleichzeitig im Empfängerapparat einen Funkensprung aus, sodass in

---

[226] Vgl. Sawyer, „Improvement in Autographic Telegraph-Transmitters".
[227] Vgl. Sawyer, „Seeing by Electricity", S. 373.

der Wahrnehmung des Empfängers an dieser Stelle der Spirale ein heller Lichteindruck entsteht.

Die Übertragung soll nach Sawyer so schnell vonstatten gehen, dass der erste Lichteindruck am Anfang der Spirale noch nicht verflogen ist, wenn der letzte Punkt der Spirale erreicht ist: „the impression made upon the retina while at the periphery of the circle would not have ceased until the light ray should have reached the center of the circle".[228] Sawyer schlägt also vor, zur Zusammensetzung der einzelnen Bildpunkte die Trägheit des Auges, den sogenannten Nachbildeffekt, auszunutzen.

Sawyers Vorschlag verbindet wohl zum ersten Mal die Scanbewegung der Bildtelegrafie zur Bildzerlegung mit der Ausnutzung des Nachbildeffekts zur Bildzusammensetzung.[229] Diese Kombination wird auch einige Jahrzehnte später in den ersten erfolgreichen Fernsehdemonstrationen zum Einsatz kommen. Auf dem Weg dorthin stellen sich dem Fernsehen durch diese Kombination jedoch zwei große Probleme, die auch Sawyer bereits erkennt: „the trouble is to make the selenium sufficiently active, *and to get the isochronous motion.*"[230]

Sawyers Emphase liegt, wie man sieht, auf dem Problem der Synchronisation. Das liegt nahe, da sich dieses Problem in der Bildtelegrafie bereits seit Jahrzehnten stellt. Auch Sawyer hat bereits lange an einer Lösung gearbeitet und hält mehrere Patente in dieser Richtung.[231]

---

[228] Sawyer, „Seeing by Electricity", S. 373.
[229] Vgl. Goebel, „Aus der Geschichte des Fernsehens", S. 215 sowie Burns, *Television*, S. 52.
[230] Sawyer, „Seeing by Electricity", S. 373.
[231] Vgl. William Edward Sawyer, „Improvement in Autographic-Telegraph Instruments", United States Patent Office, Patent

Deshalb ist es durchaus nicht leichtfertig, wenn er feststellt: „Isochronism is unattainable, as required." Er nutzt
die Gelegenheit sogar für einen Hilferuf: „Perhaps some
of your readers may like to try their hands at rapid syn-
chronism."[232]

Die Herstellung von Synchronizität hat zu diesem Zeitpunkt schon Generationen von Bildtelegrafietechnikern
beschäftigt und wird bald darauf Generationen von Fern-
sehtechnikern beschäftigen – aus gutem Grund, denn mit
der Herstellung von synchronen Bewegungen im Bild-
aufnahme- und Bildwiedergabeapparat steht und fällt die
Konsistenz der Bilder selbst. Die Synchronisierung ist dafür zuständig, das „Nacheinander" der Übertragung wieder in ein geordnetes „Nebeneinander" der Bildfläche zu
überführen. Auf die Probleme des Synchronismus soll an
dieser Stelle aber nicht weiter eingegangen werden, da sie
nicht direkt mit der Materialgeschichte des Selens zu tun
haben.[233]

No. 196832, 6. November 1877 sowie das ältere Patent William
Edward Sawyer, „Improvement in Automatic and Autographic
Telegraphs and Circuits", United States Patent Office, Patent
No. 159460, 2. Februar 1875. Andere von Sawyers zahlreichen Pa-
tenten enthalten ebenfalls kleine Verbesserungen der Synchron-
bewegung.

[232] Sawyer, „Seeing by Electricity", S. 373.

[233] Der Synchronismus ist in der Wissenschaftsgeschichte
maßgeblich von Peter Galison behandelt worden. Medienwis-
senschaftliche Betrachtungen über Synchronismus in der technischen Bildübertragung liefert Christian Kassung. Siehe Peter Galison, *Einsteins Uhren, Poincarés Karten. Die Arbeit an der Ordnung der Zeit*, übers. von Hans Günter Holl, Frankfurt am Main:
S. Fischer 2003; Christian Kassung/Thomas Macho, „Imaging Processes in Nineteenth Century Medicine and Science",
in: Bruno Latour/Peter Weibel (Hgg.), *iconoclash. Beyond the*

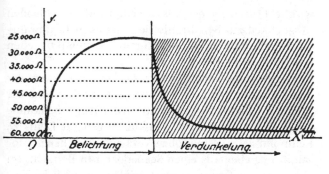

Abb. 6: Verlauf des Widerstands von Selen
bei Belichtung und Verdunklung.

Das zweite Problem der Scanapparate ist die Trägheit
des Selens (Abb. 6). Für dieses Problem interessiert sich
der Bildtelegrafietechniker Sawyer weniger. Sein einziger
Hinweis darauf lautet, dass das Selen „sufficiently active"
sein müsse.[234] Es ist gut möglich, dass er damit die Größe
der Widerstandsänderung meint und nicht die Schnellig-
keit dieser Änderung. Die Bildtelegrafie im Allgemeinen
lässt sich für ihre Übertragungen nämlich Zeit – die „Verwendung einer Viertelstunde für ein Bild ist keine Seltenheit", schreibt der Bildtelegrafieexperte Arthur Korn noch
im Jahr 1930.[235] Da Sawyer seinen Vorschlag nicht ver-

Image Wars in Science, Relgigion, and Art, Karlsruhe/Cambridge/
London: ZKM/MIT Press 2002, S. 336–347 und Christian Kas-
sung/Thomas Macho (Hgg.), *Kulturtechniken der Synchronisation*, München: Fink 2013.

[234] Sawyer, „Seeing by Electricity", S. 373.
[235] Korn, *Elektrisches Fernsehen*, S. 92.

wirklicht (nach eigener Aussage aufgrund der fehlenden
Möglichkeit zur Synchronisation), ist es nicht unwahrscheinlich, dass er die benötigten Geschwindigkeiten
falsch einschätzt.[236]

Während die Bildtelegrafie also eher das Problem der
Synchronizität thematisiert, wird auf die Probleme der
Trägheit schon früh aus Richtung der Augenheilkunde
hingewiesen. So zieht der irische Augenarzt Denis D.
Redmond neben seiner oben kurz angesprochenen Mo-
saiklösung ebenfalls einen Scanapparat in Betracht. Im
Gegensatz zu Sawyer scheint er aber tatsächliche Versuche durchzuführen und sammelt dabei erste Erfahrungen mit der Trägheit des Selens:

An attempt to reproduce images with a single circuit failed
through the selenium requiring some time to recover its resistance. The principle adopted was that of a copying telegraph,
namely, giving both the platinum and selenium a rapid syn-
chronous movement of a complicated nature, so that every
portion of the image of the lens should act on the circuit *ten
times in a second*, in which case the image would be formed just
as a rapidly-whirled stick forms a circle of fire.[237]

Hierbei fällt auf, dass der Mediziner, im Gegensatz zum
Bildtelegrafietechniker, die benötigte und nicht erreichte
Geschwindigkeit genau benennt: *ten times in a second*.
Diese Geschwindigkeit, so wird sich zeigen, ist entschei-
dend. Denn während die Synchronisation die Relation
zweier Bewegungen problematisiert, geht es beim Pro-

---

[236] Vgl. Sawyer, „Seeing by Electricity", S. 373.
[237] Redmond, „An Electric Telescope", S. 540. Hervorhebung
JH.

blem der Trägheit um die absolute Gegenüberstellung zweier Geschwindigkeiten: das Selen gegen das menschliche Auge. Das Problem der Synchronisation läuft auf eine Gleichung hinaus und das Problem der Trägheit auf eine Ungleichung.

4.6 Empfindlichkeit –
Ende und Anfang eines Mediums

Die Ungleichung ist schnell aufgestellt. Auf der einen Seite steht die Reaktionsgeschwindigkeit des Selens und auf der anderen Seite die Reaktionsgeschwindigkeit des Auges. Dazwischen ein Ungleichheitszeichen. Es soll also gelten $n \cdot t_{Selen} < t_{Auge}$, wobei n die Anzahl der Bildpunkte ist. Ausformuliert heißt das etwa: Die Zeit t_{Selen}, die die Selenzelle benötigt, um die Helligkeit eines einzelnen Bildpunkts aufzunehmen, multipliziert mit der Anzahl der Bildpunkte n, muss kleiner sein als die Zeit t_{Auge}, innerhalb derer die wiedergegebenen Lichteindrücke im Auge bestehen bleiben. Wenn diese Ungleichung erfüllt ist, hat man ein Bild – und damit ein Medium.

Der Zweck dieser Ungleichung ist es nicht, das Fernsehen auf eine Formel zu reduzieren. Die Formel beschreibt vielmehr das neue Problem, das Scanapparate wie derjenige Sawyers in die Fernsehforschung einführen. Dieses Problem besteht in der erstmaligen Gegenüberstellung der technisch-physikalischen Geschwindigkeit der Fernsehmaschinen und der physiologischen Geschwindigkeit des Auges. Für die Entwicklung von Fernsehgeräten ist dies bis in die 1930er Jahre ein zentrales Problem. Für die Materialgeschichte des Selens ist es sogar das entscheidende Problem, denn das Selen kann diese Anforderung an seine Reaktionsgeschwindigkeit nicht erfüllen. Es wird deshalb im Laufe der Zeit zunehmend durch Fotozellen und Braunsche Röhren ersetzt, also durch Technologien mit nahezu trägheitsloser Lichtempfindlichkeit. Diese Ersetzung ist, so könnte man pointiert sagen, das Ende des Selens und der Anfang des Fernsehens.

Der markanteste Schauplatz dieses Zusammentreffens von Selen und Auge ist gleichzeitig eine der bekanntesten frühen Fernseherfindungen überhaupt, nämlich das *elektrische Teleskop* des Berliners Paul Nipkow. Im Jahr 1884 beantragt der 23-jährige Student das, was Albert Abramson „das grundlegende Fernsehpatent schlechthin" nennt.[238] Das Patent ist nicht nur das erste auf eine Fernseherfindung, es wird sich in den folgenden Jahren auch als eines der wichtigsten herausstellen. Die zentrale Neuerung seines elektrischen Teleskops ist ein Bauteil, das später nur noch *Nipkow-Scheibe* genannt wird – „a scanning device that was destined to become as universal as the selenium cell".[239]

Nipkows Erfindung ersetzt kurzerhand komplizierte Abtastmechanismen durch die einfache Rotation einer Scheibe. Diese Scheibe ist mit Perforationen versehen, die ein Spiralmuster bilden (Abb. 7). Ihr Abstand ist dabei etwas größer als die Breite des Bildes. Projiziert man ein Bild auf die rotierende Scheibe, passiert dadurch immer nur eines der Löcher gleichzeitig die Bildfläche und beschreibt dabei eine flache Kurve. Durch das Vorbeiziehen aller Löcher wird das Bild also zeilenweise in einzelne Lichtpunkte zerlegt, deren Helligkeit von einer Selenzelle

---

[238] Abramson, *Die Geschichte des Fernsehens*, S. 15.
[239] Shiers, *Early Television*, S. 13.

Abb. 7: Nipkow-Scheibe. In Betrieb lässt die Drehbewegung
immer jeweils nur eines der Löcher die Projektionsfläche
von links nach rechts passieren. Nach einer vollen Umdrehung
wird das Bild damit in diesem Fall in 15 Zeilen zerlegt.

hinter der rotierenden Scheibe registriert werden kann.[240]
Dieselbe Scheibe verwendet Nipkow auch im Empfängerapparat. Dort fällt das Licht einer durch den Selenstrom
regulierten Lichtquelle auf die Scheibe und wird durch
deren Rotation wiederum zeilenweise zerlegt, sodass jeder Lichtpunkt das Gesichtsfeld des Betrachters an der
entsprechenden Stelle erreicht (vorausgesetzt die Scheiben bewegen sich synchron).

---

[240] Vgl. Paul Nipkow, „Elektrisches Teleskop", Kaiserliches
Patentamt, Patentschrift No. 30105, 6. Januar 1884.

Der Nipkowsche Empfänger beruht also ebenfalls auf dem Nachbildeffekt. Die Idee wird ausführlich durch Nipkow erläutert:

[E]in, wie uns scheint, theoretisch hochinteressanter Gedanke aber ist es, als photographische Kamera in diesem Falle das Auge selbst in Anspruch zu nehmen und die einzelnen Lichtstösse auf der Netzhaut zu photographiren. Der sogenannte Sehpurpur ist in der That ein lichtempfindliches Material, wie das Brom und Jodsilber auch, für den weiteren Verlauf unserer Entwickelung aber bietet er noch den unschätzbaren Vortheil, daß das Photogramm auf demselben nur eine sehr kurze Dauer hat und nach 0.1 bis 0.5 Sekunden wieder verschwindet.[241]

Der Unterschied zur Bildtelegrafie wird hier besonders deutlich. Bildtelegrafisch übertragene Einzelbilder werden nach ihrer Übertragung dauerhaft festgehalten auf elektro- oder fotochemisch präparierten Medien. Die Fernsehbilder dagegen müssen nach ihrer Übertragung schnellstmöglich wieder verschwinden, am besten innerhalb eines Augenblicks. Darum liegt nichts näher, als diesen Augenblick selbst zum Empfängerapparat zu machen. Nipkows Fernseher stellt seine „Photogramme" also direkt auf der Netzhaut her.

Wenn der Medientheoretiker Marshall McLuhan viel später behauptet, „beim Fernsehen ist der Zuschauer Bildschirm", dann ist es genau dieser Aspekt des Fernsehens, auf den er sich bezieht.[242] Wie McLuhan erklärt,

---

[241] Nipkow, „Der Telephotograph und das elektrische Teleskop", S. 421.

[242] Marshall McLuhan, *Die magischen Kanäle. Understanding Media*, Düsseldorf/Wien/New York/Moskau: ECON Verlag 1992, S. 357.

„tastet" das Fernsehen nämlich „pausenlos Konturen von Dingen mit einem Abtastsystem ab" und liefert dadurch Millionen Punkte pro Sekunde, aus denen sich ein_e Zuschauer_in dann „ein Bild machen" muss.[243]

Die Idee, dass so überhaupt ein Bild entstehen kann, verdankt das Fernsehen der Erkenntnis, „daß auch der Sehapparat des Menschen nicht etwa trägheitslos arbeitet, im Gegenteil, seine Trägheit ist eine verhältnismäßig große, da ein Lichteindruck ungefähr erst nach 1/10 Sek. verschwindet", wie Arthur Korn formuliert.[244] Wenn die Übertragung aller Bildpunkte weniger als eine Zehntelsekunde dauert, setzen sie sich im Auge zu einem vollständigen Bild zusammen. Das Bild wird also dadurch wahrnehmbar, dass die Übertragung in den Bereich des Nichtwahrnehmbaren fällt. Die Trägheit des Auges öffnet so ein Zeitfenster, durch das sich die zukünftigen Fernsehapparate zwängen müssen.

Die Zehntelsekunde kommt dabei nicht von ungefähr. Der kurze Zeitabschnitt taucht im 19. Jahrhundert fast zeitgleich in einer ganzen Reihe von wissenschaftlichen, technischen und kulturellen Kontexten auf – von Astronomie über Physik, Physiologie, Psychologie bis zu Philosophie und Kunst. Die Wissenschaftshistorikerin Jimena Canales hat diesen Zeitabschnitt in ihrem Buch *A Tenth of a Second* durch diese Disziplinen und darüber hinaus

---

[243] McLuhan, *Die magischen Kanäle*, S. 357. Aufgrund dieser Eigenleistung hält McLuhan das Fernsehbild für „zutiefst kinetisch und taktil" (S. 358). Zur Taktilität des Fernsehbildes bei McLuhan siehe das vierte Kapitel in Henning Schmidgen, *Horn oder Die Gegenseite der Medien*, Berlin: Matthes & Seitz 2018.
[244] Korn/Glatzel, *Handbuch der Phototelegraphie*, S. 418 f.

verfolgt. Sie stellt dabei fest, dass die Epoche der Zehntelsekunde recht scharf begrenzt ist: „a concern with
the tenth of a second in science intensified during the
mid-nineteenth century and waned significantly by the
beginning decades of the twentieth".[245] Stephen Kern
grenzt den Zeitraum seiner eigenen, breiter angelegten Untersuchung des Wandels der *Culture of Time and
Space* sogar noch weiter ein, auf 1880–1919.[246] Damals
führen die Menschen ein ganzes Arsenal von -skopen,
-grafen und -grafien ins Feld, um die Zehntelsekunde
und noch kleinere Zeitabschnitte zu untersuchen und
zu nutzen: Chronoskope, Stroboskope, Chronografen,
Myografen, die Fotografie und die Kinematografie. „Es
war", so kommentiert die Wissenschaftshistorikerin
Helga Nowotny, „als würden die technischen, künstlerischen und wissenschaftlichen Leistungen dieser Epoche
konvergieren, um die eingeübten Raum- und Zeitstrukturen der sozialen Wahrnehmung aufzubrechen und
in ein weites Experimentierfeld zu verwandeln".[247] Das
frühe Fernsehen wird dabei nur selten erwähnt, obwohl
seine Entwicklung genau in diese Zeit fällt. Dabei spielen die neuen Zeitstrukturen dort eine tragende Rolle:
Das Fernsehen ist auf die Unterschreitung der Zehntel-

---

[245] Jimena Canales, *A Tenth of a Second. A History*, Chicago/
London: University of Chicago Press 2009, S. 2. Eine speziellere
Untersuchung zum Zeitproblem der Physiologie und Psychologie,
die diesen Zeitraum ebenfalls abdeckt, liefert Schmidgen, *Hirn
und Zeit*.

[246] Stephen Kern, *The Culture of Time and Space 1880–1918*,
Cambridge: Harvard University Press 1983.

[247] Helga Nowotny, *Eigenzeit. Entstehung und Strukturierung
eines Zeitgefühls*, Frankfurt am Main: Suhrkamp 1993.

sekunde angewiesen, um überhaupt Bilder produzieren zu können.

Paul Nipkow jedenfalls lässt sich seine Zeitstrukturen noch von Hermann von Helmholtz höchstpersönlich aufbrechen. Nach eigenen Angaben besucht der Student im Jahr 1883 Helmholtz' Vorlesungen, als er schon am Problem der Fernwahrnehmung arbeitet, angeregt durch seine Experimente mit einem geliehenen Telefon.[248] Es ist gut möglich, dass er in diesen Vorlesungen lernt, „dass hinreichend schnell wiederholte Lichteindrücke ähnlicher Art dieselbe Wirkung auf das Auge ausüben wie eine continuirliche Beleuchtung".[249] Im *Handbuch der physiologischen Optik*, in dem Helmholtz diese Lehren schriftlich ausbreitet, fährt er direkt im Anschluss fort:

Am leichtesten zeigen dies die rotirenden Scheiben. Wenn sich auf einer schwarzen Scheibe ein heller weisser Punkt befindet, und die Scheibe rotirt schnell genug, so erscheint an Stelle des rotirenden Punktes ein grauer Kreis, der in allen seinen Punkten ganz gleichmässig aussieht, und an welchem nichts mehr von Bewegung zu entdecken ist.[250]

Die Labore der physiologischen Optik sind voll von diesen rotierenden Scheiben, die meist explizit die niedrige zeitliche Auflösungsfähigkeit der Augen ausnutzen

---

[248] Vgl. Orrin E. Dunlap, „A Fifty-Year Riddle. Inventor of Television Disk in 1884 Tells How He Thought of the Idea. He Applauds Latest Marvels", *New York Times*, 6. August 1933, S. X7.

[249] Helmholtz, *Handbuch der physiologischen Optik*, S. 338.

[250] Helmholtz, *Handbuch der physiologischen Optik*, S. 338.

sollen (Abb. 8).[251] Helmholtz erklärt seinem Studenten
Nipkow also nicht nur den Nachbildeffekt und die Bedeutung der Zehntelsekunde, er liefert dem jungen Erfinder
wohl auch noch die rotierenden Scheiben, die Punkte zu
Linien und Linien zu Flächen verschwimmen lassen.[252]

Eine rotierende Scheibe macht natürlich noch keinen
Fernseher. Tatsächlich ist in Helmholtz' Vorlesung eine
entscheidende Komponente abwesend, und zwar das
Selen. Woher kommt also die Selenzelle in Nipkows Patent? Der Student gibt in einer späteren Stellungnahme
vor, nichts von den früheren Fernsehversuchen der englischen Wissenschaftler gewusst zu haben. Erst im Som-
mer 1884, also ein halbes Jahr nach der Patentanmeldung,
habe ihn ein Professor auf Ayrton und Perrys Artikel in
Nature und Careys Entwürfe im *Scientific American* aufmerksam gemacht.[253] Dafür kennt Nipkow aber die Arbeiten von Alexander Graham Bell zum Photophon, die
1881 in der deutschen Technikpresse präsent sind. In sei-

---

[251] Zu den Scheiben der physiologischen Labore vgl. auch Henning Schmidgen, „Das Bewegungsbild nach Duchamp“, in: ders.,
Forschungsmaschinen, Berlin: Matthes & Seitz 2017, S. 149–187.

[252] Sollte der junge Nipkow in Helmholtz' Vorlesungen nicht
aufgepasst haben, stehen ihm als Inspirationsquelle aber noch einige andere rotierende Scheiben zur Verfügung. Eine ganze Reihe
von optischen Spielzeugen und Instrumenten aus dem frühen
19. Jahrhundert wie das Thaumatrop, das Phenakistoskop oder
das Zootrop basieren ebenfalls auf Rotation, um Bilder zu über-
lagern oder in Bewegung zu versetzen. Vgl. dazu Jonathan Crary,
*Techniques of the Observer. On Vision and Modernity in the Nine-
teenth Century*, Cambridge/London: MIT Press 1992, S. 104–112.
Die physiologischen Scheiben sind der Nipkow-Scheibe aber ähnlicher.

[253] Vgl. Nipkow, „Der Telephotograph und das elektrische Teleskop“, S. 421 f.

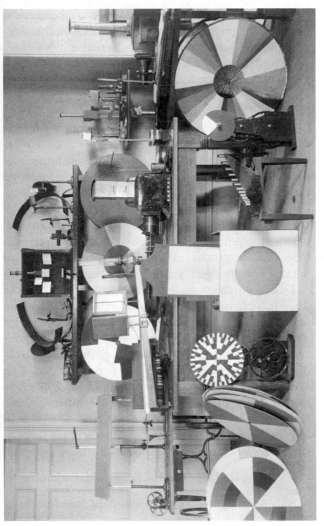

Abb. 8: Sammlung von Scheiben in einem physiologischen Labor.

ner Stellungnahme zitiert er beispielsweise einen Bericht zu Bells Photophonexperimenten und spricht in charakteristisch Bellscher Manier von „Undulationen des Lichts". Außerdem baut er Teile der Photophongeräte in seine eigenen aktualisierten Entwürfe ein.[254] Insofern ist davon auszugehen, dass Nipkow das Selen vermittelt durch Bells Photophon kennenlernt.

Für diese These spricht auch die Art und Weise, wie das Selen bei Nipkow dargestellt ist. Weder in seinem Patent noch in seiner folgenden Stellungnahme hinterfragt der Erfinder die Fähigkeiten des Selens, die geforderten Leistungen zu erbringen. In den Artikeln der frühen englischen Fernsehforschung wird diese Fähigkeit aber, wie oben dargestellt, regelmäßig in Zweifel gezogen. Währenddessen schlagen Bells Artikel einen durchweg optimistischen Ton an, was das Selen betrifft. An keiner Stelle wird dort auf eine etwaige Trägheit des Selens eingegangen.[255]

Das ist durchaus einleuchtend, denn für die Zwecke des Photophons ist die Reaktionsgeschwindigkeit des Selens auch mehr als ausreichend. Im Photophon wird nämlich eine große Lichtmenge auf die Selenzelle konzentriert, was zu einer stärkeren und schnelleren Reaktion des Selens führt. Beim Fernsehen ist die Situation aber eine deutlich andere, wenn das Licht eines projizierten Bildes auf den tausendsten bis zehntausendsten Bruchteil reduziert wird, bevor es mit einer Selenzelle in Kontakt kommt. Die weniger starke Beleuchtung führt zu einer schwächeren und langsameren Reaktion im Selen.

---

[254] Vgl. Nipkow, „Der Telephotograph und das elektrische Teleskop", S. 423.

[255] Vgl. Bell, „Upon the Production and Reproduction of Sound by Light".

Der Fernsehhistoriker Russell Burns geht deshalb davon aus, dass viele Fernseherfinder sich aufgrund von Bells Darstellung falsche Hoffnungen für die Anwendbarkeit des Selens im Fernsehen gemacht haben.[256] Paul Nipkow scheint ebenfalls zu dieser Gruppe zu gehören.

Seine Fehleinschätzung wird ihm erst viel später bewusst werden, denn Nipkow baut nie einen Fernseher. In der Tat scheint eine Selenzelle nicht im studentischen Budget zu liegen – Nipkow zeigt sich in seiner Stellungnahme von 1885 begeistert von der Möglichkeit, die Selenzelle durch einen berußten Glaszylinder zu ersetzen.[257] Auch die jährlich fällige Patentgebühr kann sich der Student nicht leisten. Schon ein Jahr nach der Patentanmeldung ist seine Erfindung damit Allgemeingut und seine Fernsehkarriere beendet.[258]

Erst 44 Jahre und eine ganze Laufbahn als Signaltechniker bei der Eisenbahn später bekommt Nipkow das erste Mal einen Fernseher zu Gesicht, und zwar im Jahr 1928, als der Ungar Dénes von Mihály auf der Berliner Funkausstellung sein Fernsehgerät vorstellt. Wie Hunderte andere Besucher reiht sich Oberingenieur a.D. Nipkow in die lange Schlange vor der Vorführkabine ein. „Endlich", berichtet er in einem Interview von 1930, „war ich an der Reihe und trat ein – ein dunkles Tuch wird zur Seite geschoben, und nun sehe ich vor mir eine *flimmernde Licht-*

---

[256] Vgl. Burns, *Television*, S. 56.

[257] Vgl. Nipkow, „Der Telephotograph und das elektrische Teleskop", S. 423.

[258] Vgl. Knut Hickethier, „Early TV. Imagining and Realising Television", in: Jonathan Bignell/Andreas Fickers (Hgg.), *A European History of Television*, Malden/Oxford/Victoria: Wiley-Blackwell 2008, S. 55–78, hier S. 61.

fläche, auf der sich etwas *bewegt*. Es war aber nicht gut zu erkennen." Ob er nicht mit jenen ersten Fernsehbildern zufrieden gewesen sei, fragt sein Gesprächspartner. Nipkow antwortet mit einem entschiedenen „Nein!".[259]

Die Enttäuschung des 70-Jährigen ist auch für eine Materialgeschichte des Selens von Bedeutung. Denn in der Maschine, die Nipkow vorgeführt wird, kommt kein Selen mehr zum Einsatz. Noch fünf Jahre vorher basierten Mihálys Entwürfe auf dem Einsatz von Selenzellen, um zwischen Licht und Strom zu vermitteln, sowie einem komplizierten Mechanismus aus oszillierenden Spiegeln zur Bildzerlegung.[260] Diesen Apparat kann Mihály jedoch aufgrund der politischen Lage in Ungarn – oder „material difficulties", wie sein Assistent Langer sagt – nie tatsächlich bauen.[261] 1928 in Berlin präsentiert Mihály dann überraschend ein ganz neues Gerät, das die Spiegel zwar durch eine Nipkow-Scheibe, die Selenzelle aber durch eine Fotozelle ersetzt. Die Fotozellen reagieren schneller als Selen, aber immer noch nicht schnell genug, wie man an Nipkows Enttäuschung ablesen kann.[262]

Es ist wichtig zu bemerken, dass Mihálys aufeinanderfolgende Fernsehgeräte von 1923 und 1928 weder die erste Verwendung von Fotozellen noch die letzte Verwen-

---

[259] Gerhart Goebel, „Paul Nipkow. Versuch eines posthumen Interviews", *Fernseh-Rundschau* 8 (1960), 334–348, hier S. 346.

[260] Vgl. Dénes von Mihály, *Das elektrische Fernsehen und das Telehor*, Berlin: Krayn 1923, S. 101 ff.

[261] Nicholas Langer, „Television. An Account of the Work of D. Mihaly (Concluded from previous issue.)", *The Wireless World and Radio Review* (1924), 794–796, hier S. 796. Vgl. auch Burns, *Television*, S. 245.

[262] Vgl. auch Goebel, „Aus der Geschichte des Fernsehens", S. 225.

dung von Selenzellen markieren. Wenn sich darin etwas abzeichnet, dann lediglich eine Tendenz. Überhaupt ist die Entwicklung des Fernsehens mehr durch wechselnde Tendenzen und weniger durch radikale Brüche geprägt. Das Fernsehen jedenfalls bewegt sich spätestens mit den 1930er Jahren deutlich weg von der Selenzelle und auch weg von der Nipkow-Scheibe.

Der Russe Vladimir Kosma Zworykin begründet wenig später die Aussichtslosigkeit von Nipkows und damit auch von Mihálys Plänen. In seinem Handbuch *Photocells and their Application* kommentiert er die Nipkow-Scheibe:

When one considers the faintness of illumination produced by an optical image of a non-luminous object and then figures that on the average (for an 80-line picture) only 1/6400 of the total flux enters the photo-sensitive device at one instant, and that each element affects the sensitive device only 1/102,400 second when it is represented at all, it becomes evident that even with the modern photocell the problem is almost hopeless.[263]

Angesichts von Zeiten in der Größenordnung von millionstel Sekunden ist das Selen längst abgehängt: „Owing to its inherent sluggishness, selenium cannot follow the actual change in intensity", schreibt Zworykin.[264] Er ist es dann auch, der mit seinem Ikonoskop die mechanische Abtastung Nipkows durch die elektronische Bildabtastung mittels eines Elektronenstrahls und die Selenzellen durch verstärkte Alkalifotozellen ersetzt.[265]

---

[263] Vladimir Kosma Zworykin/Earl DeWitt Wilson, *Photocells and their Application*, New York: John Wiley & Sons 1932, S. 271.

[264] Zworykin/Wilson, *Photocells and their Application*, S. 131.

[265] Vgl. Vladimir Kosma Zworykin, „Television System",

Der Nipkow'sche Apparat, so stellt sich heraus, ist eine unmögliche Maschine. Er verkörpert mit seiner Kombination von photophonischer Selenzelle und physiologischer Scheibe das Zusammentreffen der physikalischen Zeit des Selens mit der physiologischen Zeit des Auges. Weil Nipkows Apparat diese Zeiten in der oben aufgestellten Ungleichung miteinander konfrontiert, kann er als Vorläufer der späteren Fernsehtechnik gelten, deren Funktion auf der Unterschreitung der Zehntelsekunde basiert. Er selbst kann diese Versprechen aber nicht einlösen, weil das Selen zu langsam reagiert. Das Selen scheidet damit langsam aus der Fernsehgeschichte aus. Den Fotozellen gehört die Zukunft.

Von Siemens' künstlichem Auge über die Bildtelegrafie bis zum Fernsehen liegt der Fokus der bisher vorgestellten Selentechnologien auf dem Visuellen; Selen ist dort das Material für „elektrische Augen". Einzig Bells Photophon, das Sprache und nicht Bilder überträgt, bildet hier eine Ausnahme. In Bells „Lichthörer" scheint für einen kurzen Zeitraum die Möglichkeit eines ganz anderen Selenapparates auf, irgendwo zwischen Licht und Ton, zwischen elektrischen Augen und elektrischen Ohren. Für die Geschichte des Fernsehens bleibt Bells Apparat wenig mehr als der Auslöser eines witzigen Missverständnisses. Doch dort beginnt eben auch die Geschichte eines Apparats, der Akustisches und Optisches mittels einer Selenzelle ineinander übersetzbar macht und damit nicht weniger als die Grenzen der menschlichen Wahrnehmung sprengen soll. Das ist zumindest die Hoffnung des Bauhausleh-

---

United States Patent Office, Patent No. 2141059, 20. Dezember 1938.

rers László Moholy-Nagy und des Dadaisten Raoul Hausmann, die das sogenannte *Optophon* in den 1920er Jahren
zu einem der zentralen Apparate ihrer Neuerfindung der
Kunst machen.

5 Kunst

„Das Entstehen neuer technischer Mittel hat das Auftauchen neuer Gestaltungsbereiche zur Folge", schreibt der
Bauhauslehrer László Moholy-Nagy in *Malerei, Fotografie, Film*, seinem ersten Beitrag in der programmatischen
Reihe der Bauhausbücher.[266] Dieser Satz mag zunächst
wie die bloße Feststellung gegebener Tatsachen klingen
– neue Medien wie Fotografie und Film eröffnen dem/der
Künstler_in neue Ausdrucksmöglichkeiten. Vielmehr
muss er aber als programmatisch für Moholy-Nagys Arbeit am Bauhaus gelesen werden. Spätestens seine Berufung im Jahr 1923 markiert dort ein Umdenken, durch
das die Beschäftigung mit Technik sowohl in der theoretischen Reflexion als auch in der künstlerischen Praxis in
den Vordergrund rückt.

Für Moholy-Nagy ist die Arbeit mit und an technischen Apparaten zentral, wie man beispielhaft an seinen
Experimenten mit sogenannten Photogrammen oder an
seiner Konstruktion eines „Lichtrequisits für eine elektrische Bühne" sehen kann.[267] Zu Moholy-Nagys Maschi-
nenpark zählt ebenfalls ein Gerät, das er als Lichtmikro-

---

[266] László Moholy-Nagy, *Malerei, Fotografie, Film*, 2. Aufl.,
München: Albert Langen Verlag 1927, S. 18.

[267] Zum Lichtrequisit und seiner Rolle innerhalb der tech-
nisch-künstlerischen Programmatik Moholy-Nagys siehe Hannah
Weitemeier, *Licht-Visionen. Ein Experiment von Moholy-Nagy*,
Berlin: Bauhaus-Archiv Berlin 1972.

fon bzw. Optophon bezeichnet. Hierbei handelt es sich um einen Apparat, der mithilfe von Selenzellen Licht in Ton und Ton in Licht verwandeln kann.

Moholy-Nagys Interesse am Optophon wird von seinem Künstlerkollegen Raoul Hausmann geteilt. Bei dem Dadaisten steht dieser Apparat sogar im Zentrum einer von ihm entwickelten Wahrnehmungstheorie. Gängigerweise geht man davon aus, dass er das Optophon aber nicht selbst erfunden hat. Stattdessen wird die Erfindung oft dem Briten Edmund Edward Fournier d'Albe zugeschrieben, der ein Blindenlesegerät desselben Namens entwickelt, das am Anfang des 20. Jahrhunderts große Bekanntheit erlangt.

Hausmanns Perspektive ist aber eine entscheidend andere gewesen. Indem man die Spur der optophonetischen Selentechnologien dieser Zeit verfolgt, wird deutlich, dass es aus Hausmanns Sicht gar keine singuläre Erfindung des Optophons durch Fournier d'Albe gegeben haben mag. Vielmehr gibt es zu dieser Zeit eine ganze Bandbreite von Selenerfindungen, die in Hausmanns Verständnis alle optophonetische Aspekte gehabt haben. Die Optophonetik lässt sich von der Erzählung eines einzelnen großen Erfinders lösen, indem stattdessen der zugrundeliegende Materie-Strom verfolgt wird. Dieser Strom passiert neben Moholy-Nagy und Hausmann den Selenforscher Christoph Ries, den Hauptmann Maximilian Pleßner und schließlich Alexander Graham Bell.

Die Optophon-Forscher und -Theoretiker erkunden Möglichkeiten des Selens, die weit jenseits dessen liegen, was im Bereich des Fernsehens gleichzeitig zum Ausdruck kommt. Die Optophonetik lässt dabei schnell die Grenzen der menschlichen Wahrnehmung hinter sich.

Wo sich das Fernsehen stets am Ziel des elektrischen Sehens orientiert, findet die Optophonetik sich bald im Übergangsbereich von Sehen und Hören wieder. Dorthin gelangt sie, indem sie dem Material folgt.

5.1 Bauhaus-Experimente

Die Annäherung von Technik und Kunst ist charakteristisch für den Wandel, den das Bauhaus in den frühen Jahren durchläuft. Zu Beginn, im Jahr 1919, steht im Zentrum der Bauhausvision nämlich noch die Zusammenführung von Architektur, Kunst und *Handwerk*. Architekten und Künstler hätten sich von ihren handwerklichen Wurzeln entfernt, die Rückkehr dorthin soll eine verlorene Einheit wiederherstellen – so das Bild, das Walter Gropius im frühesten Manifest des Bauhauses energisch zeichnet: „Architekten, Bildhauer, Maler, wir alle müssen zum Handwerk zurück!"[268]

In der darauffolgenden Zeit des Weimarer Bauhauses findet eine deutliche Verschiebung von *Handwerk* zu *Technik* statt. „Kunst und Technik – Eine neue Einheit" lautet der berühmte Titel von Gropius' Eröffnungsrede der ersten Bauhausausstellung im August 1923.[269] Damit geht es dem Bauhaus nicht länger um die Rückgewinnung einer verlorenen handwerklichen Vergangenheit, sondern um den neugewonnenen Anschluss an eine bislang verkannte technische Gegenwart.

---

[268] Walter Gropius, *Programm des Staatlichen Bauhauses in Weimar*, Weimar 1919.

[269] O.A., „Programm der Bauhausausstellung", Landesarchiv Thüringen – Hauptstaatsarchiv Weimar, Staatliches Bauhaus Weimar, Nr. 29, ohne Datum.

In einem Essay mit dem Titel *Produktion – Reproduktion* führt Moholy-Nagy kurz vor seiner Berufung ans Bauhaus exemplarisch die Verbindung von Kunst und Technik vor. Es geht dabei in erster Linie darum, vorhandene Techniken der Reproduktion für die künstlerische Produktion nutzbar zu machen. Dazu sei zunächst die genaue Kenntnis der technischen Mittel nötig. Der Künstler solle sich drei Fragen stellen: „Wozu dient dieser Apparat (Mittel)? Was ist das Wesen seiner Funktion? Sind wir fähig und hat es einen Wert, den Apparat so zu erweitern, daß er auch der Produktion dienstbar wird?"[270]

Am Beispiel des Grammophons erklärt er dann, wie man „neue, noch nicht existierende Töne und Tonbeziehungen" hervorbringen kann, indem man den Apparat von seiner Reproduktionsfunktion befreit: Statt die Rillen der Grammophonplatte durch Aufnahme und Aufzeichnung eines Tons herzustellen, könne der Künstler selbst direkt von Hand Rillen auf der Platte herstellen. Diese Rillen ergäben bei der Wiedergabe neue Töne, welche eben nicht Reproduktionen, sondern neuartige Produktionen sind.

Die bekanntesten Produkte dieser allgemeinen Methode sind kameralose fotografische Aufnahmen, die sogenannten *Photogramme*, mit deren Herstellung Moholy-Nagy etwa zur Zeit seiner Berufung ans Bauhaus beginnt. Statt fotografische Platten herkömmlich in einer Kamera zu belichten, nimmt er deren Belichtung selbst vor, indem er verschiedene Gegenstände auf ihnen arran-

---

[270] László Moholy-Nagy, „Produktion – Reproduktion", *De Stijl* 5/7 (1922), 98–101, hier S. 99.

giert, sodass nach einer kurzen Belichtung deren Umrisse und Schattenwürfe auf der Platte fixiert sind.

Die Anwendung dieser Methode soll die Grenzen von Kunst, Technik und Wissenschaft verschwimmen lassen. Moholy-Nagy bezeichnet das Vorgehen nicht umsonst als „experimentell-laboratorisches", wenn der Künstler sich forschend die Feinheiten der neuen (Re-)Produktions-medien erschließt und wenn er sein technisches Wissen durch die praktische Beschäftigung mit den Apparaten erwirbt.[271]

Auch während seiner Zeit am Bauhaus bleibt die Frage nach dem Verhältnis von Produktion und Reproduktion für Moholy-Nagy zentral. Er nimmt deshalb Teile des Essays *Produktion – Reproduktion* als Kapitel in *Malerei, Photographie, Film* auf, das 1925 als achtes Buch in der Reihe der Bauhausbücher erscheint.[272] Als im Jahr 1927 eine Neuauflage dieses Bandes ansteht, liefert Moholy-Nagy dafür zahlreiche Überarbeitungen und Ergän-zungen. Diese zeigen deutlich, dass das Interesse am ex-perimentellen Umgang mit neuer Medientechnik ihn bis an die Grenzen des damals technisch Möglichen treibt.

Im Zuge der Überarbeitungen findet nämlich auch das Selen seinen Weg in die Bauhausbücher: Es ist der Hauptakteur einer drei Seiten überspannenden Fußnote, die den Aufbau und die Funktion eines sogenannten Lichtmikrofons beschreibt. Diese Fußnote befindet sich im Unterkapitel *Die statische und kinetische optische Ge-*

---

[271] Moholy-Nagy, „Produktion – Reproduktion", S. 99.
[272] László Moholy-Nagy, *Malerei, Photographie, Film*, 1. Auf-lage, München: Albert Langen Verlag 1925, S. 23 f.

staltung. Es ist genau dieses Kapitel, das mit der am Anfang des Kapitels angeführten Feststellung beginnt:

Das Entstehen neuer technischer Mittel hat das Auftauchen
neuer Gestaltungsbereiche zur Folge; und so kommt es, daß die
heutige technische Produktion, die optischen Apparate: Schein-
werfer, Reflektor, Lichtreklame, neue Formen und Bereiche
nicht nur der Darstellung, sondern auch der farbigen Gestaltung geschaffen haben.[273]

In den darauffolgenden Ausführungen richtet Moholy-
Nagy den Fokus nicht auf die Nutzung dieser bereits existierenden technischen Apparate, sondern auf die eigenständige Neuentwicklung ähnlicher Apparate durch die
Künstler selbst. Neben den experimentellen Filmen von
Walter Ruttmann oder Viking Eggeling und Hans Richter
stehen deshalb Apparate und Instrumente wie Thomas
Wilfrieds *Clavilux,* Alexander Lászlós *Farblichtklavier*
oder die *Reflektorischen Lichtspiele* von Karl Schwerdtfe-
ger und Ludwig Hirschfeld-Mack im Vordergrund dieses
Kapitels.[274]

Moholy-Nagy beschließt den ersten Abschnitt mit der
Feststellung, dass er die Arbeit der genannten Künstler
für einen „Irrtum" hält. Aber er bietet prompt eine Alternative an: „Eine vollkommenere – weil wissenschaft-
lich fundierbare Arbeit bietet die Optophonetik, zu deren
theoretischem Ausbau die ersten Schritte der großzügige
Dadaist Raoul Hausmann getan hat."[275] Diese Erwähnung Hausmanns (die einzige im gesamten Buch) setzt die
Szene für die längste Fußnote des Buches, die gleichzeitig

---

[273] Moholy-Nagy, *Malerei, Fotografie, Film,* S. 18.
[274] Moholy-Nagy, *Malerei, Fotografie, Film,* S. 18 f.
[275] Moholy-Nagy, *Malerei, Fotografie, Film,* S. 20.

auch das längste Zitat des Buches ist. Denn Moholy-Nagy spricht hier nicht selbst und überlässt stattdessen einem gewissen Walter Brinkmann die Bühne. Brinkmann habe sich, so Moholy-Nagy noch, durch Hausmanns Arbeit anregen lassen und sich daraufhin „mit demselben Problem beschäftigt", und zwar mit „hörbaren Farben".[276]

Damit spielt Moholy-Nagy auf das Problem der Synästhesie an. Oft auch nach dem französischen Ausdruck *audition colorée* (Farbenhören) genannt, bezeichnet Synästhesie eine seltene Form der Sinneswahrnehmung, bei der zur regulären Wahrnehmung über einen der Sinne eine gleichzeitige zusätzliche Wahrnehmung über einen anderen Sinn hinzukommt. Bei einem Synästhetiker überlagert sich so zum Beispiel das Hören eines Tons mit der Wahrnehmung einer Farbe, während für Nichtsynästhetiker keine Farbe wahrnehmbar ist. Die verschiedenen Ausprägungen der Synästhesie im Menschen sind im frühen 20. Jahrhundert ein beliebtes Forschungsgebiet im Grenzbereich von Physiologie, Psychologie und Ästhetik.[277] Brinkmanns Forschung befasst sich aber nicht mit der Untersuchung dieser Überlagerung im Menschen, sondern mit der apparativen Umsetzung von „hörbaren Farben" in Form der technischen Übersetzung von Lichtfarben in Tonhöhen, damals meist *Optophonetik* genannt.

Zum Zwecke dieser Übersetzung bzw. ihrer Untersuchung schlägt Brinkmann einen Apparat vor, den er als „Versuchsanordnung zur Farbe-Ton-Forschung" bezeichnet. Dieser soll dazu in der Lage sein, beispielsweise beim

---

[276] Moholy-Nagy, *Malerei, Fotografie, Film*, S. 20.
[277] Siehe Melanie Gruß, *Synästhesie als Diskurs. Eine Sehnsuchts- und Denkfigur zwischen Kunst, Medien und Wissenschaft*, Bielefeld: transcript 2017.

Einfall von rotem Licht einen tiefen Ton und beim Einfall von blauem Licht einen hohen Ton zu produzieren. Das zentrale Bauteil dieser Versuchsanordnung ist „ein foto-elektrisches Medium", nämlich eine „Selenzelle".[278]

In Brinkmanns Apparat übernimmt diese Zelle eine doppelte Rolle: Zunächst nutzt er die Tatsache, dass Selen auf verschiedene Wellenlängen des sichtbaren Spektrums mit unterschiedlich starker Verringerung seines Widerstands reagiert. Wenn also nun farbiges Licht in den Apparat fällt, trifft dieses zunächst auf eine Selenzelle, deren Widerstand sich entsprechend der Lichtfarbe mehr oder weniger verringert. Entsprechend dieser Widerstandsver-änderung im Selen wird in Brinkmanns Versuchsapparat dann die Drehgeschwindigkeit einer sogenannten Selek-torscheibe geregelt. Dabei handelt es sich um eine mit Löchern versehene Scheibe, welche in schnelle Rotation versetzt wird. Durch die Löcher fällt Licht wiederum auf eine Selenzelle, die mit einem Lautsprecher verbunden ist. Die hochfrequenten Unterbrechungen werden vom Selen in Widerstandsschwankungen übersetzt, welche wiede-rum Schwankungen der Stromstärke zur Folge haben, die im Lautsprecher als Töne hörbar werden.[279]

Das Selen dient hier also sowohl zur Bestimmung der Lichtfarbe als auch zur Tonproduktion. Ob beide Funk-tionen von einer einzigen Selenzelle oder von zwei ge-trennten erfüllt werden, ändert sich scheinbar im Zuge der Entwicklung der Entwürfe. Während in der kurzen Beschreibung in *Malerei, Fotografie, Film* noch eine ein-zige Selenzelle den doppelten Dienst leisten muss, kom-

---

[278] Moholy-Nagy, *Malerei, Fotografie, Film*, S. 21.
[279] Vgl. Moholy-Nagy, *Malerei, Fotografie, Film*, S. 21 f.

men in späteren, ausführlichen Beschreibungen separate
Zellen zum Einsatz.[280] In jedem Fall ist es aber die Selenzelle, die die entscheidenden Übergänge in Brinkmanns
Apparat vermittelt: erst den von Licht zum Strom und
dann den von Strom zum Ton. So gelingt es Brinkmann,
in seinen eigenen Worten, „Licht und Schall von ihren
Trägern – Äther bzw. Luft – unabhängig zu machen [und]
elektrische Wellen zu Trägern für beide gemeinsam zu bestimmen". Diese Vermittlung zwischen Trägermedien wie
Äther, Luft und Strom ist die Leistung des Selens. Deshalb
kann man die Selenzelle ohne zu zögern als das Herzstück
von Brinkmanns „Versuchsapparat" bezeichnen.

Aus der Perspektive einer Materialgeschichte des
Selens ist diese prominente Platzierung eines Selenapparats in der künstlerischen Programmatik Moholy-Nagys
und des Bauhauses zentral, gerade wenn es darum geht,
das Ausgreifen des Materials in unerwartete Gebiete zu
dokumentieren. Dennoch haftet dem Abschnitt im Buch
von Moholy-Nagy eine unbestreitbare Fremdheit an. Das
liegt sowohl am Zitat als auch an der wissenschaftlichen
Ausdrucksweise und nicht zuletzt an der ungelenken Ver-
bannung in eine Fußnote von typografisch katastropha-
ler Länge. Was so unverkennbar von außen kommt, wirft
unweigerlich die Frage nach seiner Herkunft auf. Woher
stammt also Brinkmanns Versuchsapparat? Und wie findet er seinen Weg ans Weimarer Bauhaus?

---

[280] Vgl. Walter Brinkmann, „Spektralfarben und Tonqualitäten", in: Georg Anschütz (Hg.), *Farbe-Ton-Forschung. Vorträge
und Verhandlungen*, Bd. 3, Hamburg: Meißner 1931, S. 355–366
sowie das Patent Walter Brinkmann, „Einrichtung zur Umsetzung farbiger Lichterscheinungen in Töne", Reichspatentamt, Patent Nr. 649628, 29. August 1930.

5.2 Der großzügige Dadaist

Moholy-Nagy schreibt, Walter Brinkmann habe sich durch den Dadaisten Raoul Hausmann zur Farbe-Ton-Forschung „anregen" lassen. Aber wie wurde diese Anregung genau vermittelt? Eine Tatsache, die aus Moholy-Nagys Schilderung nicht direkt hervorgeht, ist, dass Brinkmann einer seiner Studenten am Bauhaus ist.[281] Noch deutlicher wird das Bild, wenn man Hausmann selbst zu Wort kommen lässt: Dieser schreibt in einem Brief von 1966, dass Brinkmann von seinem Lehrer, nämlich von Moholy-Nagy selbst, nach Berlin geschickt wurde, um dort mit ihm, Hausmann, an der Optophonetik zu arbeiten.[282] Brinkmanns Arbeit ist also das Produkt eines Bauhaus-Dada-Schüleraustauschs, der von einem bereits bestehenden, gemeinsamen Interesse an der Optophonetik ausgeht. Dieses Interesse geht zurück bis mindestens ins Jahr 1922, als Moholy-Nagy für die Veröffentlichung von Hausmanns erstem Artikel über die Optophonetik im ungarischen Avantgardejournal *MA* sorgt.[283]

In diesem und folgenden Texten entwickelt Hausmann einen Begriff der Optophonetik, der sich als eine Mischung aus komplexen Wahrnehmungstheorien einerseits und konkreten Vorstellungen technisch-künstlerischer

---

[281] Siehe die Liste der Studierenden am Bauhaus in Hans Maria Wingler, *Das Bauhaus. 1919–1933 Weimar Dessau Berlin und die Nachfolge in Chicago seit 1937*, Bramsche: Rasch 1968, S. 551–557, hier S. 552.

[282] Vgl. Brief von Hausmann an Henri Chopin, zitiert in Jacques Donguy, „Machine Head. Raoul Hausmann and the Optophone", *Leonardo* 34/3 (2001), 217–220, hier S. 217.

[283] Donguy, „Machine Head", S. 217, siehe Raoul Hausmann, „Optofonetika", *MA* 8/1 (1922), 3–4.

Apparate andererseits darstellt. Seine Wahrnehmungstheorie der Optophonetik geht von der grundlegenden
Gleichartigkeit und Übersetzbarkeit aller Sinnesdaten aus
und versucht, diese gegen die Vormachtstellung des Visuellen in den bildenden Künsten der Zeit ins Feld zu führen. Bernd Stiegler nennt sie eine Wahrnehmungstheorie,
die „die Empfindungen als das Elementare ansetzt und
die Informationskanäle der Sinne als kommunizierende
Wahrnehmungsfelder bestimmt".[284]

Gleichzeitig bezeichnet die Optophonetik bei Hausmann aber die praktische Konstruktion und Verwendung von optophonetischen Apparaten, die eben jene
Wahrnehmungsfelder navigieren und dadurch gänzlich
neue Empfindungen hervorbringen sollen. Die bisherige
Kunst, die von einer Trennung der Sinne ausging, soll also
durch die Theorie und Praxis der Optophonetik abgelöst
werden:

> Meine Herren Musiker, meine Herren Maler: ihr werdet durch
> die Ohren sehen und mit den Augen hören und ihr werdet den
> Verstand dabei verlieren! Das elektrische Spektrofon [ein opto-
> phonetischer Apparat, Anm. JH] vernichtet eure Vorstellungen
> von Ton, Farbe und Form, von eueren ganzen Künsten bleibt
> nichts, leider gar nichts mehr übrig![285]

Die Optophonetik markiert für Hausmann also das Ende
der traditionellen Künste, das durch technisch-wissen-

---

[284] Bernd Stiegler, „Raoul Hausmanns Theorie der Optophonetik und die Erneuerung der menschlichen Wahrnehmung durch
die Kunst", *Hofmannsthal Jahrbuch* 10 (2002), 327–356, hier S. 349.

[285] Raoul Hausmann, „Die überzüchteten Künste. Die neuen
Elemente der Malerei und Musik", in: ders., *Sieg, Triumph, Tabak
mit Bohnen*, Bd. 2, Texte bis 1933, hg. von Michael Erlhoff, München: edition text + kritik 1982, S. 133–144, hier S. 144.

schaftlich-künstlerische Apparate vermittelt wird. Wer nun davon ausgeht, dass Theorie und Technik der Optophonetik von Hausmann selbst stammen, unterschätzt sowohl den Umfang seines wissenschaftlichen und technischen Quellenstudiums als auch seine dadaistische Bereitschaft zum Plagiat.

Obwohl Hausmann in den meisten Texten weder Werke noch Namen nennt, ist sein Interesse für alternative (Pseudo-)Wissenschaft vielfach belegt.[286] Die Spuren des Selens führen in diesem Fall aber nicht zu den theoretischen Quellen, sondern zu den technischen Quellen von Hausmanns Texten. Der Konsens unter den Historiker_innen scheint aber auch hier zu sein: Die optophonetischen Apparate sind nicht Hausmanns eigene Erfindung und auch der Begriff der Optophonctik stammt nicht von ihm. Als eigentlicher Erfinder wird meistens der irische Ingenieur Edmund Edward Fournier d'Albe ins Feld geführt.[287]

---

[286] Zu Hausmanns Theoriearbeit siehe Stiegler, „Raoul Hausmanns Theorie der Optophonetik", Peter Bexte, „Mit den Augen hören/mit den Ohren sehen. Raoul Hausmanns optophonetische Schnittmengen", in: Helmar Schramm/Ludger Schwarte/Jan Lazardzig (Hgg.), *Spuren der Avantgarde. Theatrum Anatomicum* (Theatrum Scientiarium 5), Berlin/New York: de Gruyter 2011, S. 426–442; Arndt Niebisch, „Ether Machines. Raoul Hausmann's Optophonetic Media", in: Anthony Enns/Shelly Trower (Hgg.), *Vibratory Modernism*, Basingstoke/New York: Palgrave Macmillan 2013, S. 162–176 sowie Raoul Hausmann, *Dada-Wissenschaft. Wissenschaftliche und technische Schriften*, hg. von Arndt Niebisch/Berlinische Galerie, Hamburg: Philo Fine Arts 2013.

[287] Beispielhaft seien hier angeführt Cornelius Borck, „Sound Work and Visionary Prosthetics. Artistic Experiments in Raoul Hausmann", *Papers of Surrealism* 4 (2005), 1–25; Paul DeMarinis, „Erased Dots and Rotten Dashes, or How to Wire Your Head for a

Fournier d'Albe entwickelt bereits im Jahr 1914 eine Lesemaschine für Blinde, die er Optophon nennt. Der Apparat soll Blinden das Lesen ermöglichen, indem es die Folge von Buchstaben eines Wortes in eine Folge von Tönen übersetzt. Bis zu fünf Selenzellen in einer vertikalen Reihe werden dabei in Leserichtung über eine gedruckte Zeile geführt. Jede dieser Selenzellen ist mit einem Telefonmechanismus gekoppelt, der jeweils einen für jede Zelle charakteristischen Ton produziert. Sobald die Lichtzufuhr der Selenzellen beim Abtasten der Druckerschwärze gemindert wird, wird der entsprechende Ton gedämpft oder fällt ganz aus (Abb. 9).

Die dabei entstehende charakteristische Tonfolge sollen Blinde mit etwas Übung den entsprechenden Buchstaben zuordnen können. Fournier d'Albes Erfindung wird zwar in der Fachpresse besprochen, bleibt aber zunächst eher unbekannt. Das ändert sich mit dem ersten Weltkrieg und dessen massenhafter Produktion von erblindeten Kriegsversehrten. Die erhöhte Nachfrage nach Lesegeräten für Blinde führt dazu, dass Fournier d'Albes Optophon ab 1920 in Serie produziert wird und massiv an Bekanntheit gewinnt.[288] Aus heutiger Sicht muss Fournier d'Albes Optophon deshalb als das maßgebliche Optophon des frühen 20. Jahrhunderts gelten.

Das heißt wiederum nicht, dass Fournier d'Albes Optophon auch für Raoul Hausmann im Besonderen maßgeblich gewesen sein muss. Klar ist: Hausmann bleibt

---

Preservation", in: Erkki Huhtamo/Jussi Parikka (Hgg.), *Media Archaeology. Approaches, Applications, and Implications*, Berkeley/Los Angeles/London: University of California Press 2011, S. 211–238 sowie Bexte, „Mit den Augen hören/mit den Ohren sehen".

[288] Vgl. Borck, „Sound Work".

Abb. 9: Schema mit fünf Selenzellen eines Optophons,
die von links nach rechts über einen Text geführt werden
und dabei eine Tonfolge produzieren. Jede der Zellen links
produziert einen jeweils charakteristischen Ton.

technisch gern auf dem Stand der Zeit. Das tut er, indem
er verschiedene technische Magazine liest, darunter *Die
Koralle* und *Wissen und Fortschritt*.[289] Ganz besonders
vertraut Hausmann aber auf die *Zeitschrift für Feinmechanik* – Marcella Lista nennt das Magazin „Hausmann's
technical bible".[290] Das gilt es im Sinn zu behalten, wenn
Historiker als Argument für die allumfassende Bekanntheit von Fournier d'Albes Optophon ins Feld führen, dass
dieses im Jahr 1920 auf der Titelseite des *Scientific Amer-*

---

[289] Arndt Niebisch, „Einleitung", in: Raoul Hausmann, *Dada-
Wissenschaft. Wissenschaftliche und technische Schriften*, hg. von
Arndt Niebisch/Berlinische Galerie, Hamburg: Philo Fine Arts
2013, S. 17–68, hier S. 56, siehe auch Brief von Hausmann an
Daniel Broïdo in Hausmann, *Dada-Wissenschaft*, S. 282–290, hier
S. 287.

[290] Marcella Lista, „Raoul Hausmann's Optophone. Universal Language and the Intermedia", in: Leah Dickerman/Matthew
S. Witkovski (Hgg.), *The Dada Seminars*, Washington, D.C.: National Gallery of Art 2005, S. 83–102, hier S. 92.

ican zu sehen war.[291] Tatsächlich muss man aber davon ausgehen, dass die für Raoul Hausmann maßgebliche Optophon-Titelseite nicht diejenige des *Scientific American* ist, sondern eben die der *Zeitschrift für Feinmechanik* (Abb. 10). Dort kann sich Hausmann nicht erst 1920, sondern bereits 1916 von der technischen Machbarkeit optophonetischer Apparate überzeugen.[292]

Der entsprechende Artikel mit dem Titel „Lichthörer und Blindenlesemaschine" erwähnt Edmund Edward Fournier d'Albe allerdings mit keinem Wort. Und das, obwohl der Autor deutlich macht, dass es Vorarbeiten auf dem Gebiet gibt; nämlich seien „in verschiedenen Ländern Bestrebungen im Gange, den Blinden das Lesen [...] zu ermöglichen".[293] Der Autor des Artikels ist Christoph Ries, einer der führenden Selenforscher Deutschlands. Und als solcher weiß Ries durchaus, dass diese Bestrebungen hauptsächlich von Großbritannien und von Fournier d'Albe ausgehen. Das zeigen auch Ries' andere Veröffentlichungen desselben Jahres. Sowohl in *Sehende Maschinen* als auch in *Die Blindenlesemaschine* spricht Ries dem Briten die Vorreiterrolle in diesem Gebiet zu.[294]

---

[291] Bexte, „Mit den Augen hören/mit den Ohren sehen", S. 432 f.

[292] Christoph Ries, „Lichthörer und Blindenlesemaschine", *Zeitschrift für Feinmechanik* 24/18 (1916), 171–173. Arndt Niebisch geht davon aus, dass Hausmann hier zum ersten Mal auf die Optophonetik trifft. Vgl. Niebisch, „Einleitung", S. 57.

[293] Ries, „Lichthörer und Blindenlesemaschine", S. 171.

[294] Christoph Ries, *Sehende Maschinen. Eine kurze Abhandlung über die geheimnisvollen Eigenschaften der lichtempfindlichen Stoffe und die staunenswerten Leistungen der sehenden Maschinen*, Diessen vor München: Jos. C. Hubers Verlag 1916, S. 98 sowie

ZEITSCHRIFT FÜR
FEINMECHANIK

(unter dem Titel „DER MECHANIKER" bis 1912 erschienen)

Publikationsorgan der Mechaniker-Vereine in Berlin, Dresden, Chemnitz, Wetzlar

Herausgegeben unter Mitwirkung namhafter Fachmänner
von
Fritz Harrwitz

20. September 1916   Nr. 18   Jahrgang XXIV

Erscheint jeden 5. und 20. des Monats in Nikolassee bei Berlin. Abonnement für In- und Ausland vierteljährlich Mk. 1,50. — Zu beziehen durch jede Buchhandlung und jede Postanstalt (in Oesterreich zuzüglich Bestellgeld), sowie direkt von der Administration in Nikolassee bei Berlin. Innerhalb Deutschland und Oesterreich franko Mk. 1,80, nach dem Ausland Mk. 2,10. Einzelne Nummer 40 Pfg.

Inserate kosten: 1 Zeile (3 mm hoch) 55 mm breit = 30 Pfg., 75 mm breit = 45 Pfg., 100 mm breit = 60 Pfg., 150 mm breit = 90 Pfg. Bei 3 maligen Abdruck 10, 6 mal 15, 12 mal 25, 24 mal 40 pCt. Rabatt. Stellenvermittlungs-Inserate: 1 Zeile (3 mm hoch) = 20 Pfg. Chiffre-Inserate 50 Pfg. Gebühr für Weiterbeförderung. Preis für Beilagen je nach Gewicht.

Nachdruck kleiner Notizen nur mit ausführlicher Quellenangabe „Zeitschrift für Feinmechanik, Nikolassee-Berlin". Abdruck grösserer Aufsätze jedoch nur mit ausdrücklicher Genehmigung der Redaktion gestattet.

Lichthörer und Blindenlesemaschine
Von Dr. Chr. Ries

In neuester Zeit sind in verschiedenen Ländern Bestrebungen im Gange, dem Blinden das Lesen von gewöhnlichen Druckschriften, von Büchern und Zeitungen, zu ermöglichen, wobei man das Gehör zur sinnlichen Vermittlung heranzieht. Verwirklicht werden soll die Uebertragung der Schrift durch die Selenzelle. Füllt man unter Stromkreis aus einer Stromquelle, einem Telephon und einer Selenzelle und belichtet letztere mit Licht von wechselnder Stärke, so vermögen alle Aenderungen der Lichtstärke entsprechende Stromschwankungen und somit Tonänderung im Telephon

Fig. 190.   Fig. 191.

hervorzurufen. Läßt man also die Schattenbilder von stark beleuchteten Buchstaben über ein Selenzellensystem hinweggleiten, so kann man in dem damit verbundenen Hörrohr verschiedene Tonverbindungen hören und aus diesen wieder auf die Art der Buchstaben schließen, denn mit einem derartigen „Optophon" oder „Lichthörer" erzielten Resultate sind indeß noch recht bescheiden.

Die Einrichtung der bisher bekannt gewordenen Lichthörer ist ungefähr folgende: Das Selenzellensystem besteht aus 7 oder auch 8 Selenzellen, die etwa die in Fig. 190 und 191 abgebildete Anordnung haben. Jede Selenzelle ist durch eine Leitung mit einem eigenen Lautgeber verbunden. Die

Töne sämtlicher Lautgeber werden in einem Hörrohr verdichtet, das mittels eines Bügels vor das Ohr gehängt werden kann. Läßt man nun einen Lichtschein über das Selenzellensystem mittels einer optischen Anordnung hinweggleiten, so verbinden sich infolge der Wirkung der 7 Selenzellen 7 Töne zu einer lauten Dissonanz im Hörrohr, während bei Beschattung der Zellen kein Ton zu hören ist. Bewegt man die Schattenbilder verschiedenartiger Buchstaben, die durch die optische Anordnung vergrößert werden, über das Zellensystem, so ist der Gesamtakkord der durch die Zellen hervorgebrachten Töne je nach der Art der Buchstaben anders gefärbt. Der hauptsächlichste Nachteil des Apparates beruht nun darin, daß die zahlreichen Tonverbindungen, die dabei auftreten, selbst nach längerer Uebung nur von einem recht gut musikalisch veranlagten Gehör richtig erfaßt werden können. Denken wir uns in Fig. 191 den Buchstaben g über das Zellensystem wandern, so wird z. B. die Zelle 2 eine Menge Tonvariationen in dem damit verbundenen Lautgeber hervorrufen, die die Größe des Schattens auf der Selenzelle beständig variiert. Das gleiche gilt von den übrigen Zellen. «Werden nun die Tonvariationen aller Lautgeber in einem einzigen Hörrohr kombiniert, so müssen in diesem zahlreiche, ganz unbestimmte Geräusche auftreten, die vom Gehör wohl kaum unterschieden werden können. Angenommen aber, es hätte ein Blinder tatsächlich einige Buchstaben richtig erfaßt, so würde zu befürchten, daß er bald weiter umlernen müßte, da die Selenzellen sich von Zeit zu Zeit ändern und dadurch Tonänderungen eintreten. Ferner ist zu bedenken, daß zur Verstärkung der feinen Selenströme die Anwendung von mindestens 7 Telephonrelais nötig wird, so daß ein solches Optophon ein umfangreiches, kostspieliges Kunst-

Abb. 10: Titelseite der *Zeitschrift für Feinmechanik* vom 20. September 1916. Der Titel lautet „Lichthörer und Blindenlesemaschine". Im Text wird der Apparat auch als Optophon bezeichnet (linke Spalte, unterer Teil).

Warum Fournier d'Albes Name dagegen in der *Zeit-schrift für Feinmechanik* nicht auftaucht, lässt sich heute nicht mehr nachvollziehen. Raoul Hausmanns Sicht auf die Optophonetik scheint dadurch aber entscheidend geprägt: In seinem ersten Artikel mit dem Titel „Optopho-netik", erscheint die Optophonetik als eine Neuerung, die eigenständig „mit energischen Schritten" heranrückt, und als etwas, das „wir" in Kürze erreichen werden, nicht aber als die Erfindung eines einzelnen Mannes.[295]

Diese Sicht wäre auch durch die weitere Lektüre der *Zeitschrift für Feinmechanik* bestärkt worden, die Haus-mann ein breites Spektrum optophonetischer Apparate vor Augen führte. Im Januar 1920 konnte er sowohl über die „Übermittlung der Sprache durch das Licht (Photo-telephonie)" lesen als auch in einem Artikel über die „Viel-seitige Verwendung des Selens" erfahren, dass man damit „Töne photographieren" kann.[296] Erst in der Ausgabe vom Mai 1921 berichtet die *Zeitschrift für Feinmechanik* von Fournier d'Albes Optophon, und zwar in Form einer kurzen Notiz anlässlich dessen Serienproduktion durch die Firma *Barr & Stroud*.[297] Wenige Monate später wurde noch ein ganz anderer optophonetischer Apparat präsen-

---

Christoph Ries, *Die Blindenlesemaschine von Finzenhagen und Ries*, Diessen vor München: Jos. C. Hubers Verlag 1916, S. 14.

[295] Raoul Hausmann, „Optophonetik", in: ders., *Sieg, Triumph, Tabak mit Bohnen*, Bd. 2, Texte bis 1933, hg. von Michael Erlhoff, München: edition text + kritik 1982, S. 51–57, hier S. 51.

[296] C. W. Kollatz, „Uebermittlung der Sprache durch das Licht (Phototelephonie)", *Zeitschrift für Feinmechanik* 28/2 (1920), 11 sowie Louis Ancel, „Die Vielseitige Verwendung des Selens", *Zeit-schrift für Feinmechanik* 28/2 (1920), 13–14.

[297] C. W. Kollatz, „Das Optophon nach Barr & Stroud", *Zeit-schrift für Feinmechanik* 29/10 (1921), 78.

tiert, nämlich das Tonfilmverfahren der Ingenieure Vogt, Engl und Massolle, die eine Alkalifotozelle zur Umwandlung von Ton in Licht und Licht in Ton verwenden und damit an ein selenbasiertes Verfahren von Ernst Ruhmer anschließen.[298] Dieses Verfahren übt nachweislich einen starken Einfluss auf Hausmanns Begriff der Optophonetik aus, stellt es doch das Leitthema seines zweiten eigenen Optophonetik-Artikels dar: „Vom sprechenden Film zur Optophonetik" von 1923.[299]

Hausmanns Lektüre mag etwa diesen Artikeln gefolgt sein, möglicherweise hat er auch einige davon überblättert, möglicherweise weitere in anderen Publikationen gelesen – das lässt sich nicht genau sagen. In jedem Fall zeigt die Berichterstattung der *Zeitschrift für Feinmechanik* aber deutlich, dass sich die Optophonetik den deutschen Lesern nicht als das singuläre Werk eines großen britischen Erfinders darstellt. Vielmehr erscheint sie als allgemeine Tendenz, als Strömung der modernen Technik, die nicht nur in Blindenlesemaschinen zum Ausdruck kommt, sondern eben auch in Lichttelefonen, fotografierten Tönen und sprechenden Filmen. Dass Hausmann den vermeintlichen Erfinder der Optophonetik nicht nennt, liegt in der verteilten Natur der optophonetischen (Selen-) Technik und nicht in dadaistischen Täuschungspraktiken begründet. Dafür spricht auch, dass Hausmann an entscheidender Stelle mit nahezu wissenschaftlicher Genauigkeit zitiert, und zwar dort, wo er deutlich macht, woher sein Begriff der Optophonetik tatsächlich stammt.

---

[298] O.A., „Ein neues Verfahren zur Herstellung sprechender Filme", *Zeitschrift für Feinmechanik* 29/18 (1921), 137–138.
[299] Raoul Hausmann, „Vom sprechenden Film zur Optophonetik", *G. Material zur elementaren Gestaltung* 1 (1923), 2–3.

5.3 Optophonetik vor dem Optophon

Als es in seinem Artikel „Vom sprechenden Film zur Optophonetik" darum geht, die Ursprünge der Optophonetik zu benennen, macht Raoul Hausmann deutlich: „Als erster hat der Erfinder des Antiphons, *Plenner*, in einer Schrift ‚Die Zukunft des elektrischen Fernsehers' diese Frage behandelt."[300] „Plenner" heißt eigentlich Maximilian Pleßner und schreibt im Jahr 1892 für die Reihe *Ein Blick auf die großen Erfindungen des zwanzigsten Jahrhunderts* seinen Beitrag *Die Zukunft des elektrischen Fernsehens*.

Dort beschäftigt er sich ausführlich mit sogenannten „Nebenerfindungen" des Fernsehens. Denn, so erklärt Pleßner, „[w]ie die Geschichte zahlreicher Erfindungen lehrt, sind die letzteren nicht selten ganz unerwartete Ergebnisse von Forschungen, welche das Erreichen ganz anderer Ziele zum Zwecke hatten".[301] Die wichtigste der von ihm prognostizierten Nebenerfindungen beginnt mit der Kombination von (Proto-)Fernsehtechnik und dem Telefon:

Man denke sich im lokalen Stromkreise eines mit telephotischen Sendervorrichtungen ausgestatteten Dunkelkabinets ein Hörtelephon eingeschaltet […] und blitzartig wird sich über ein seither in tiefes Dunkel gehülltes Gebiet wissenschaftlicher Forschung eine Flut erhellenden Lichts ergießen. Denn mit Hilfe einer derartigen Verbindung optischer und akustischer Instrumente würde es sich ermöglichen lassen, von einem jeden be-

---

[300] Hausmann, „Vom sprechenden Film zur Optophonetik", S. 3.

[301] Maximilian Pleßner, *Die Zukunft des elektrischen Fernsehens, Bd. 1, Ein Blick auf die großen Erfindungen des zwanzigsten Jahrhunderts*, Berlin: Ferd. Dümmlers Verlagsbuchhandlung 1892, S. 48.

lichteten Gegenstande ein eigenartiges Klangbild vernehmbar zu machen.[302]

Eigentlich müsse diese spezielle Nebenerfindung nicht einmal auf ihre Haupterfindung warten, so Pleßner. Er ist zuversichtlich, dass sein Apparat „von dem Gelingen des elektrischen Fernsehens unabhängig" ist, ja bereits „mit den gegenwärtig existierenden Hilfsmitteln" verwirklicht werden kann.[303] Bei den Hilfsmitteln, die Pleßners Gegenwart hier auf eine optophonetische Zukunft ausrichten, handelt es sich, wie kaum anders zu erwarten, um Selenzellen.

Was aus Raoul Hausmanns Erwähnung von Pleßners Buch nicht hervorgeht, ist, dass Pleßner auch einen Namen für diesen Apparat vorschlägt. Nach ihm „könnte dieses neue opto-akustische Instrument als ‚Optophon' bezeichnet werden".[304] Fournier d'Albes Optophon wird von Hausmann also nicht unterschlagen, sondern schlicht übergangen. Er weiß, dass die Idee des Optophons zum Zeitpunkt von Fournier d'Albes Erfindung im Jahr 1912 bereits mindestens 20 Jahre alt ist.

Pleßners Herleitung des Namens verrät dann auch die technischen Vorläufer des Optophons. Er sieht das Optophon nämlich als nahen Verwandten von Alexander Graham Bells Photophon: Wo dessen Apparat Schall in Licht verwandele, um dieses beim Empfänger dann wieder in Schall zurückzuverwandeln (Photophon bedeutet ‚Lichthörer'), diene sein eigener Apparat dazu, „optische Erscheinungen als solche in Klangbilder zu verwandeln"

---

[302] Pleßner, *Die Zukunft des elektrischen Fernsehens*, S. 48 f.
[303] Pleßner, *Die Zukunft des elektrischen Fernsehens*, S. 51.
[304] Pleßner, *Die Zukunft des elektrischen Fernsehens*, S. 49.

(Optophon bedeutet ‚Bildhörer').[305] Pleßner zieht seine
Inspiration also direkt aus dem ersten weitläufig bekannten Selenapparat. Wo Bells Photophon aber wie oben
beschrieben nur als drahtloser Kommunikationsapparat konzipiert war, findet Pleßner für sein Optophon die
phantasievollsten Anwendungsgebiete: Hörbar machen
will er die „am Himmel dahinziehenden Wolken, die Re-
genbogen; die Mond- und Sonnenringe, das Nordlicht"
und jede andere denkbare Himmelserscheinung sowie
menschliche Gesichter, altgriechische Fassaden, Skulptu-
ren und natürlich Gemälde. Umgekehrt sollen „die Werke
großer Komponisten" und das Donnergrollen in ihre optischen Entsprechungen übersetzt werden.[306] Wie man
bei dieser Auswahl vielleicht erahnen kann, liegt dem
Vorhaben die Annahme zugrunde, das „bildlich Schöne"
müsse sich auch in das „hörbar Schöne" übersetzen lassen
und umgekehrt.

Pleßner postuliert für diese Umwandlungen eine Art
Energieerhaltungssatz der Ästhetik und nimmt dabei
Bezug auf die seiner Aussage nach allgemein bekannte
Tatsache, dass man die verschiedenen Formen der „den
Kosmos erfüllenden Energie", darunter Elektrizität, Licht
und Schall, ineinander überführen könne, ohne dass es
dabei zu einem „Verlust der Energiesumme des Weltalls"
kommen würde.[307] Diese Vorstellung von einer einheitlichen kosmischen Energieform, die die direkte Übersetzbarkeit von Lichtwellen und Schallwellen bedingt, schlägt
eine Brücke von den technischen Apparaten der Opto-

---

[305] Pleßner, *Die Zukunft des elektrischen Fernsehens*, S. 49.

[306] Pleßner, *Die Zukunft des elektrischen Fernsehens*, S. 50,
52–54.

[307] Pleßner, *Die Zukunft des elektrischen Fernsehens*, S. 51.

phonetik zu pseudowissenschaftlichen Theorien wie der
„Welteislehre" oder der „Theorie der Exzentrischen Emp-
findung", für die sich Hausmann ebenfalls interessiert.
Auch in den frühesten Hausmann'schen Texten zur Optophonetik findet man Vorstellungen von einheitlichen
kosmischen Energien wieder, sodass man davon ausgehen muss, dass Pleßner auch über die Idee des Optophons
hinaus einen maßgeblichen Einfluss auf Hausmanns Optophonetik ausgeübt hat.[308]

Zwei Dinge gilt es in Bezug auf Pleßner noch festzuhal-
ten. Erstens endet Pleßners Reihe der Nebenerfindungen
nicht beim Optophon. Er beschreibt außerdem noch das
Optographon, den *Phonoptographen,* das *Hyaloskop* sowie
einige weitere abgeleitete Apparate. Bei den erstgenann-
ten Geräten handelt es sich um Aufschreibe- und Lese-
instrumente für optophonetische Aufzeichnungen, während letzteres eine Art Videokamera ist.[309] Jedes dieser
Geräte nutzt eine oder mehrere Selenzellen für die zentralen Umwandlungen von Licht und Ton. Jedoch müsste
man eigentlich, und das ist der zweite wichtige Punkt,
von hypothetischen Umwandlungen sprechen, denn keiner der Apparate wird von Pleßner tatsächlich umgesetzt.
Pleßners Erfindungen könnte man also durchaus lediglich
als „subjektive Empfindungen eines mit lebhafter
Einbildungskraft ausgestatteten Autodidakten" sehen,
wie Pleßner selbst mögliche Kritik vorwegnimmt.[310]

---

[308] Siehe Hausmann, „Optophonetik".
[309] Vgl. Pleßner, *Die Zukunft des elektrischen Fernsehens,* S. 59,
61 und 69.
[310] Pleßner, *Die Zukunft des elektrischen Fernsehens,* S. 76.

Doch genau darin weisen Pleßners amateurhafte Erkundung der Möglichkeiten des Selens in zwei Richtungen über ihn selbst hinaus. Einmal eben zu Raoul Hausmann, der mit Begeisterung die Mischung von subjektivem Empfinden und spekulativem Erfinden weiterführt: Hausmann schreibt, „[i]ch bin mir bewusst, dass dies nur die Arbeit eines Dilettanten sein kann, vom Standpunkt der Wissenschaft aus gesehen", um die Bescheidenheit direkt im Anschluss zu relativieren: „ – aber auch Goethe war ein Dilettant".[311] Waren bei Pleßner die fantasievolle Beschreibung und Spekulation die einzigen Mittel eines mittellosen Erfinders, so werden bei Hausmann ganz ähnliche Wahrnehmungstheorien und Apparatefiktionen zu Mitteln seiner Kunst.

Auf der anderen Seite verweist Pleßners Abhandlung deutlich auf den zu dieser Zeit einzigen tatsächlich existierenden und damit ursprünglichen optophonetischen Apparat, nämlich auf Alexander Graham Bells Photophon. Dessen Umwandlung von Ton in Licht und von Licht in Ton bildet die singuläre Basis für Pleßners Spekulationen und auch der Name des Optophons wird direkt von Bells Apparat abgeleitet. Bei Bell angekommen könnte man meinen, den ersten großen Optophon-Erfinder endlich gefunden zu haben. Die Geschichte des Selens sollte aber gezeigt haben, dass es darum gerade nicht gehen kann. Vielmehr findet sich bei Bell eine wenn nicht ursprüngliche, so doch *elementare* Optophonetik-*Erfahrung* – und zwar die Erfahrung des Experimentierens mit dem Material Selen. Diese schildert Bell in einem Brief

---

[311] Brief von Hausmann an Hanns Fischer, 26. April 1924, zitiert nach Hausmann, *Dada-Wissenschaft*, S. 182.

an seinen Vater Alexander Melville Bell im Februar 1880, nachdem erste Versuche zum Photophon abgeschlossen sind und kurz bevor er die berühmten ersten Entwürfe beim Smithsonian zur Verwahrung hinterlegt. „I have heard articulate speech produced by sunlight!", schreibt er in diesem Brief, „I have heard a ray of the sun laugh and cough and sing!"[312] Der erste Kommunikationsversuch mit dem photophonischen Apparat überträgt nicht menschliche Stimmen, sondern das Husten und Lachen der Sonne selbst. Entsprechend verfahren auch Bells weitere Experimente: „In this way I have been able to hear a shadow, and I have even perceived by ear the passage of a cloud across the sun's disk."[313] Die ersten Ergebnisse seiner Selenexperimente, die Bell hier seinem Vater begeistert mitteilt, befassen sich in der Hauptsache mit der optophonetischen Übersetzung von optischen Reizen in akustische und nur in zweiter Linie mit einer möglichen Nutzung von Licht als Medium zur Schallübertragung.

Bells Experimente mit dem Selen lösen bei dem Erfinder eine Reaktion aus, die man inzwischen als charakteristisch bezeichnen könnte. Die optophonetischen Übersetzungen seines Selenapparats inspirieren ihn zu zahlreichen Anwendungen, die diejenigen seiner Nachfolger nahezu wörtlich vorwegnehmen. So will Bell sein Photophon beispielsweise auf Wolken richten, auf Sonnenflecken und auf Sterne.[314] Ganz ähnliche Anwendungen

---

[312] Alexander Graham Bell, Brief von Alexander Graham Bell an seinen Vater Alexander Melville Bell, ohne Ort, 26. Februar 1880, Library of Congress, Alexander Graham Bell family papers, http://www.loc.gov/resource/magbell.00510307.

[313] Bell, Brief an Alexander Melville Bell.

[314] Bell, Brief an Alexander Melville Bell.

arbeitet, wie oben beschrieben, auch Maximilian Pleßner aus und er erweitert sogar noch die Bandbreite von
zu untersuchenden Himmelsphänomenen. Es ist lediglich
der notwendigen Kürze seines Briefs geschuldet, dass Bell
nicht noch mehr fantastische Apparate und Anwendungen aufzählt; er selbst beklagt, dass die Fülle von möglichen Anwendungen seiner Ergebnisse ihn selbst an den
Rand des Wahnsinns treibe. Würde er sie alle offenlegen,
so schreibt er, würde man ihn sicherlich als „madman"
einsperren lassen.[315] Hausmann hoffte, die optophonetische Übersetzung würde Musiker und Maler in den
Wahnsinn treiben. Sie sollten „durch die Ohren sehen
und mit den Augen hören" und „den Verstand dabei ver-
lieren".[316] Ein ähnlicher Effekt scheint bei Bell also auch
für Erfinder belegt.

Überraschung, Begeisterung und Inspiration bis in die
Nähe des Wahnsinns – das scheinen die Effekte des Selens
auf Erfinder und Künstler gleichermaßen zu sein. Warum
ist das so? Für Künstler, Techniker und Erfinder stellen
die photophonischen und optophonetischen Selenver-
suche eine neue Form von Wahrnehmung in Aussicht,
eine Wahrnehmung jenseits von menschlichem Sehen
und menschlichem Hören. Diese Wahrnehmung ver-
spricht genuin technisch und damit nichtmenschlich zu
sein. Gewöhnlich nimmt man einen Blitz als kurze, inten-
sive Lichtspur wahr. Das Donnergrollen dagegen ist ein
tiefes, polterndes Geräusch. Die Optophonetik würde aus
dem Blitz einen kurzen, lauten Knall und aus dem Don-
ner ein flackerndes Licht machen. Diese optischen und

---

[315] Bell, Brief an Alexander Melville Bell.
[316] Hausmann, „Die überzüchteten Künste", S. 144.

akustischen Phänomene, so hoffen Erfinder und Künstler gleichermaßen, wären vollkommen neuartige Produktionen, die sich allein mithilfe von optophonetischen Apparaten hervorbringen lassen.

Kurz gesagt: Die Grenzen der menschlichen Wahrnehmung sollen durch Technik erweitert werden, und zwar nicht nur in ihrer Reichweite, wie im Fall des Telefons oder des Fernsehens, sondern ganz grundlegend in der Bandbreite der zugänglichen Sinneseindrücke. „Das Entstehen neuer technischer Mittel hat das Auftauchen neuer Gestaltungsbereiche zur Folge", um Moholy-Nagys Satz noch ein letztes Mal aufzugreifen. Vor diesem Hintergrund ist es nur konsequent, dass Moholy-Nagy das Lichtmikrofon und das Optophon in sein Bauhausbuch aufnimmt.

Um zu neuen Gestaltungs- und Wahrnehmungsbereichen zu gelangen, orientieren sich die Künstler nicht allein an den Möglichkeiten der vorhandenen technischen Apparate. Vielmehr fragt die „experimentell-laboratorische" Methode nach den weiteren Möglichkeiten dieser Apparate. Im Fall der Optophone lassen sie sich dabei besonders von den Möglichkeiten des Selens leiten. Das Material bietet ihnen mehr als nur die Reproduktion von Sinneseindrücken. Man kann damit auch gänzlich Neues produzieren – wenn man bereit ist, dem Material zu folgen. Das erkennen sowohl Künstler als auch Erfinder.

Für die Materialgeschichte des Selens ist diese kurze Episode außerdem ein wirksames Gegenmittel gegen die Tendenzen der Vermenschlichung, die zu einem früheren Zeitpunkt zu beobachten waren. Wo im Gefolge der Siemens-Brüder die frühen Fernseher noch als „elektrische Augen" imaginiert und auch gebaut werden, versagt angesichts der Optophonetik jede Form von körperlicher Metapher. Eine Fernsehgeschichte erkennt im Selen die Grundlage des elektrischen Sehens, aber eine Selengeschichte kann höchstens verallgemeinern und das Selen als Grundlage einer technischen Wahrnehmung begreifen, die sich nicht notwendigerweise auf die menschliche zurückbeziehen lässt.

Nicht zuletzt zeigt diese Geschichte eine Verbindung auf zwischen dem von Hausmann ausgerufenen Ende der traditionellen Künste, von denen nach der Optophonetik „nichts, leider gar nichts mehr übrig" bleibe, und zeitlich parallel ablaufenden Versuchen in den Fernsehlaboren, die bald schon die ersten Fernsehbilder produzieren.[317] In beiden Fällen ist das Selen die Grundlage der ambitionierten Entwürfe und in beiden Fällen tritt die erhoffte Zukunft nicht oder zumindest nicht ganz ein. Wie die Fernsehforschung wendet sich nämlich auch Hausmann schon bald vom Selen ab. Als er sich in den 1930er Jahren mit dem Ingenieur Daniel Broïdo zusammentut, um einen optophonetischen Apparat zu konstruieren, kommen dabei nicht Selenzellen zum Einsatz, sondern Alkalifotozellen, die eine Unterart der Elektronenröhren sind. Der Apparat, der aus der Zusammenarbeit entsteht, ist dann aber auch kein Licht-Ton-Wandler mehr, sondern eine Rechenmaschine – „der erste kybernetische Roboter", wie Hausmann später behaupten wird.[318] Ob und wie diese

---

[317] Hausmann, „Die überzüchteten Künste", S. 144.

[318] Brief von Hausmann an Paul de Vree, 6. Dezember 1966, zitiert nach Raoul Hausmann, *Sieg, Triumph, Tabak mit Bohnen*, Bd. 2, Texte bis 1933, hg. von Michael Erlhoff, München: edition text + kritik 1982, S. 214.

Verschiebung mit dem Materialwechsel zusammenhängt, wäre noch zu untersuchen.[319]

5.4 *Andere Anwendungen von Selen*

Hier endet diese kurze Materialgeschichte des Selens. Sie muss damit unvollständig bleiben, denn es hätten sich noch viele kleinere und möglichweise auch größere Selengeschichten anschließen können. Zu kurz gekommen ist zum Beispiel die Bildtelegrafie, die über lange Zeit ein großes Interesse am Selen und seinen Einsatzmöglichkeiten zeigt. So überträgt Arthur Korn im Jahr 1904 mit der „Selenmethode" ein Portrait des Kaisers über eine Telefonversuchsleitung, die in München beginnt, über Nürnberg führt, um wiederum in München zu enden. Die Übertragungszeit beträgt 42 Minuten.[320] Dass bereits bei Halbierung der Übertragungszeit auf 23 Minuten im Bild Artefakte auftreten, die Korn als „durch die Selenträgheit verursachte Fehler" identifiziert, lässt nochmals das Ausmaß der Probleme im Fernsehen erahnen.[321]

Darüber hinaus wäre in Bezug auf die Xerografie eine Selengeschichte zu erzählen, die weit über die 1930er Jahre hinausreicht. In diesem Fotokopierverfahren dient

---

[319] Auf die enge Verwandschaft von sehenden Maschinen und Rechenmaschinen hat Bernhard Dotzler wiederholt hingewiesen, siehe Bernhard J. Dotzler, „Computer und Fernsehen. Multimedialität nach Hermann Hollerith" in: Harro Segeberg (Hg.), *Die Medien und ihre Technik. Theorien. Modelle. Geschichte*, Marburg: Schüren 2004, S. 207–220 und zuletzt Bernhard J. Dotzler/Silke Roesler-Keilholz, *Mediengeschichte als historische Techno-Logie*, Baden-Baden: Nomos 2017.

[320] Vgl. Korn, *Bildtelegraphie*, S. 73 f.

[321] Korn, *Bildtelegraphie*, S. 74.

eine mit Selen beschichtete Walze dazu, das zu kopie-
rende Bild durch elektrostatische Aufladung aufzunehmen und zu reproduzieren. In dieser Funktion wird Selen
in Kopiermaschinen in Büros auf der ganzen Welt bis in
die 1970er Jahre verwendet.[322]

Jenseits dieser größeren Einsatzgebiete finden Selenzellen noch Eingang in eine Vielzahl von kleinen Maschinen. Praktischen Erfolg haben diese nicht immer. Beliebte
Ideen sind zum Beispiel die automatische tageszeitabhän-
gige Steuerung von Straßen- bzw. Schaufensterbeleuch-
tung durch Selenzellen,[323] ein Feueralarm, der ausgelöst
wird, wenn Rauch einen Lichtstrahl daran hindert, auf
eine Selenzelle zu fallen,[324] ein Lochkartenlesegerät, das
die Löcher mit einem Lichtstrahl abtastet,[325] sowie eine
Alarmanlage, die mittels eines Stolperdrahts aus Licht
einen Einbruch registrieren soll.[326] Als eher exzentrisch
bewerten Zeitgenossen dagegen einen Apparat, der ver-
spricht, Kaffeebohnen durch Lichtmessung nach ihrem
Röstgrad zu sortieren.[327]

Es gäbe noch Hunderte weitere Beispiele zu nennen,
vielleicht sogar „many thousands";[328] an dieser Stelle soll

---

[322] Siehe beispielsweise Paul F. Ellis, „Static Pops Pictures Onto
Paper", *Popular Science* 154/1 (1949), 156–160 und S. B. Berger/R.
C. Enck/M. E. Scharfe/B. E. Springett, „The Application of Sele-
nium and Its Alloys to Xerography", in: Eckard Gerlach/Peter
Grosse (Hgg.), *The Physics of Selenium and Tellurium*, Berlin/Hei-
delberg/New York: Springer 1979, S. 256–266.

[323] Vgl. Barnard, *The Selenium Cell*, S. 194.

[324] Vgl. Barnard, *The Selenium Cell*, S. 196.

[325] Vgl. Barnard, *The Selenium Cell*, S. 208.

[326] Vgl. Barnard, *The Selenium Cell*, S. 195 f.

[327] Vgl. Ruhmer, *Das Selen*, S. 30.

[328] Walsh, „Preface", S. vii.

jedoch abschließend nur noch eine Anwendung vorgestellt werden. Das Selen kehrt nämlich auf Umwegen zur Schwefelsäureproduktion zurück: Dort wird ein Lichtstrahl durch den unteren Teil des Reaktionsgefäßes geleitet und trifft dann auf eine Selenzelle. Der Widerstand dieser Zelle wird an einem Registrierapparat angezeigt und aufgezeichnet. Falls der Lichtstrahl unterbrochen wird und damit der Widerstand der Selenzelle steigt, wird am Registrierapparat eine Warnung ausgelöst. Dieser Mechanismus soll auf den unerwünschten Fall aufmerksam machen, dass sich am Boden des Reaktionsgefäßes ein bekannter, roter Niederschlag bildet.[329]

---

[329] Vgl. Louis Ancell, „Practical Applications of Selenium – III", *Scientific American Supplement* 1/2 (1920), 253–255, hier S. 253.

6 Schluss

Das Selen nimmt an vielen Geschichten teil: In der chemischen Industrie tritt es als markanter Geruch und als störender Niederschlag auf, bevor man es überhaupt beim Namen nennen kann. Nach seiner Entdeckung bleibt es lange unbeachtet und selten, bevor es in einem breit angelegten Vorhaben der Standardisierung innerhalb der Elektrik wieder in den Blick kommt, wobei es durch seinen hohen Widerstand auffällt. Diese Eigenschaft führt zum Einsatz innerhalb der technischen Systeme der transatlantischen Telegrafie. Dort produziert das Selen aber gänzlich unerwartete Effekte, was zur Entdeckung seiner Lichtempfindlichkeit führt. In der Folge bildet sich innerhalb der physikalisch-technischen Wissenschaften eine Richtung aus, die sich ganz der Untersuchung des Selens und seiner wechselhaften und launischen Eigenschaften verschreibt. Zwar scheitert die Gruppe an der theoretischen Erklärung der Effekte im Selen, doch ihre Arbeit der Reproduktion orientiert sich schon bald in Richtung einer technischen Nutzung des Effekts.

Mit Wilhelm Siemens' künstlichem Auge und Alexander Graham Bells Photophon beginnt das Material dann seinen Einzug ins technische Sehen und Hören: Es übersetzt Licht vermeintlich instantan in Stromfluss, der in Siemens' Galvanometer sichtbar und in Bells Photophon hörbar wird. In dieser Rolle als materielle Grundlage einer technischen Empfindlichkeit wird das Selen daraufhin in den ersten Fernsehmaschinen eingesetzt. Dort orientiert man sich zunächst an der Funktionsweise des menschlichen Auges und versucht, ein Mosaik aus Selenpunkten wie eine künstliche Netzhaut funktionieren zu lassen.

Das Selen, so wird bald klar, ist aber keine geeignete materielle Grundlage für flächenhafte Wahrnehmung, unter anderem weil es sich nicht für die massenhafte Reproduktion eignet. Eine Alternative sind Maschinen, die auf der zeilenweisen Abtastung von Bildern mit einer einzelnen Selenzelle beruhen. Da die Bildwiedergabe in diesem Fall auf dem Nachbildeffekt im Auge beruht, muss ein Bild mit mehreren Tausend Bildpunkten innerhalb von höchstens einer Zehntelsekunde abgetastet werden. Genau durch diese Konfrontation der materiellen Möglichkeiten des Selens mit den physiologischen Bedingungen des Auges stellt sich heraus, dass das Selen nicht für die Fernsehtechnik geeignet ist.

Über die optophonetischen Maschinen findet das Selen schließlich seinen Weg in die Kunst. Raoul Hausmann und László Moholy-Nagy sehen in den Selenmaschinen die Zeichen einer neuen Art der technischen Wahrnehmung. Die wechselseitige Übersetzung von Licht und Ton soll menschliche Sinne unterlaufen, indem sie auf technischem Wege vollkommen neuartige Reize produziert. Genauso mühelos wie es dabei eine Verbindung zwischen Sehen und Hören herstellt, schafft das Selen auch eine Verbindung zwischen Technik und Kunst am Anfang des 20. Jahrhunderts.

Wissenschaft, Industrie, Medientechnik und Kunst. Durch diese Bereiche verläuft die transversale Bewegung der Selengeschichte. Immer wieder weist sie dabei markante Kreuzungspunkte mit den entsprechenden Wissenschafts-, Industrie-, Technik- und Kunstgeschichten auf. Das Selen wird an diesen Punkten wirksam als Störung eines Systems, als ‚zufällige' Entdeckung oder als unerwartete Inspiration für geniale Erfindungen und Ideen.

Das Modell der Erfolgs- und Fortschrittsgeschichte scheint keinen Platz für die Hervorbringungen des Materials zu haben und setzt an diese Stellen oft ‚Zufälle'. Aus der Perspektive einer Materialgeschichte zeigt sich dagegen ein ganz anderes Bild. Die Störungen, Entdeckungen und Inspirationen markieren die Punkte, an denen das Material zwischen Wissenschaft, Industrie, Technik und Kunst vermittelt. Überall fließen die Materie-Ströme des Selens und stellen Verbindungen her, die über eine zufällig parallele Entwicklung hinausgehen. Sie zeigen, wie echte Wechselwirkungen zwischen den vermeintlich getrennten Bereichen bestehen und wie diese ineinandergreifen wie die Teile einer Maschine. Die Fähigkeit, Verbindungen herzustellen, macht das Selen hier zu einem *Medium*, nicht nur „zwischen Licht und Strom", sondern auch zwischen Geschichten.

Eine letzte Frage kann man kaum besser auf den Punkt bringen als mit der Aussage eines Zeitgenossen, der die neuesten Selenerfindungen kommentiert: „Indeed, it seems as though nature devised [selenium] especially for the wizards of electricity".[330] Ist es nicht letztlich die Natur, die hier in Form eines Materials auf die menschliche Kultur einwirkt? Das Selen erscheint einerseits als etwas *Nichttechnisches*, das die technischen Prozesse der Kommunikation und der Reproduktion auf nicht vorherseh-

---

[330] O.A., „Sending Photographs by Telegraph", *New York Times*, 24. Februar 1907.

bare Art stört. Es erscheint andererseits als etwas *Nicht-menschliches*, das den nicht wahrnehmbaren Schatten von Smiths Assistenten auf dem Galvanometer sichtbar oder die Sonne in Bells Photophon hörbar macht. Was weder technisch noch menschlich ist, muss wohl natürlich sein: Ist das elementare Selen also der materielle Eingriff der Natur in die Prozesse der menschlichen Kultur?

Nein, denn es ist gerade die Grenze von Natur und Kultur, die ein solcher Übergriff voraussetzt, die von der Materialgeschichte unterlaufen wird. Ist das Selen in den Faluner Erzen noch natürlich? Ist es noch natürlich, als es sich im Schwefelsäurebecken absetzt? Ist es noch natürlich, als es Vergleichswiderstand für die Telegrafie ist? Tatsächlich macht es die Unterscheidungen von Natur und Kultur irrelevant, indem es die transversalen Verbindungen zwischen den Gegensätzen selbst herstellt.

Das Material ist die Welt, durch die wir uns bewegen, aber es ist auch selbst in Bewegung. Begriffe von Natur und Kultur greifen nicht – eben weil das Material aus der gelebten Interaktion des Menschen mit seiner Umwelt erst hervorgeht und von dieser nicht zu trennen ist. Die Theorie wird ihm nie gerecht und in jeder Praxis wird es immer Problem und Lösung gleichermaßen sein. Das erkennt man, wenn man dem Material folgt.

Literaturverzeichnis

Abramson, Albert, *Die Geschichte des Fernsehens*, München: Fink 2002 (= Abramson, *Die Geschichte des Fernsehens*).

Adams, William Grylls, „The Action of Light on Selenium", *Proceedings of the Royal Society of London* 23/163 (1875), 535–539 (= Adams, „The Action of Light on Selenium").

Adams, William Grylls/Day, Richard Evan, „The Action of Light on Selenium", *Philosophical transactions of the Royal Society of London* 167 (1877), 313–349 (= Adams/Day, „The Action of Light on Selenium").

Aftalion, Fred, *A History of the International Chemical Industry*, Philadelphia: University of Pennsylvania Press 1991.

Amstutz, Noah S., „Method of Reproducing Photographs", United States Patent Office, Patent No. 577373, 16. Februar 1897.

Ancel, Louis, „Die Vielseitige Verwendung des Selens", *Zeitschrift für Feinmechanik* 28/2 (1920), 13–14.

Ancell, Louis, „Practical Applications of Selenium – III", *Scientific American Supplement* 1/2 (1920), 253–255.

Ayrton, William Edward/Perry, John, „Seeing by Electricity", *Nature* 21/547 (1880), 589 (= Ayrton/Perry, „Seeing by Electricity", 1880).

Barnard, George P., *The Selenium Cell. Its Properties and Applications*, London: Constable & Company 1930 (= Barnard, *The Selenium Cell*).

Bell, Alexander Graham, Brief von Alexander Graham Bell an seinen Vater Alexander Melville Bell, ohne Ort, 26. Februar 1880, Library of Congress, Alexander Graham Bell family papers, http://www.loc.gov/resource/magbell.00510307 (letzter Abruf 7. Januar 2019) (= Bell, Brief an Alexander Melville Bell).

–, „Upon the Production and Reproduction of Sound by Light", *Journal of the Society of Telegraph Engineers* 9/34 (1880), 404–426 (= Bell, „Upon the Production and Reproduction of Sound by Light").

–, *Discovery and Invention*, Washington, D.C.: Judd & Detweiler 1914 (= Bell, *Discovery and Invention*).

–, „Observation. Twin Brother to Invention", *The Companion*, 7. Februar 1918 (= Bell, „Observation").

Berger, S. B./R. C. Enck/M. E. Scharfe/B. E. Springett, „The Application of Selenium and Its Alloys to Xerography", in: Eckard Gerlach/Peter Grosse (Hgg.), *The Physics of Selenium and Tellurium*, Berlin/Heidelberg/New York: Springer 1979, S. 256–266.

Bernhard, Carl Gustaf, *Through France with Berzelius. Live Scholars and Dead Volcanoes*, Oxford: Pergamon Press 1989.

Berz, Peter, „Bildtexturen. Punkte, Zeilen, Spalten. II. Bildtelegrafie", in: Sabine Flach/Georg Christoph Tholen (Hgg.), *Mimetische Differenzen. Der Spielraum der Medien zwischen Abbildung und Nachbildung* (Intervalle 5), Kassel: Kassel University Press 2002, S. 202–219 (= Berz, „Bildtelegrafie").

Berzelius, Jöns Jacob, „Titanium and Tellurium in Sulphuric Acid", *Annals of Philosophy* 10/60 (1817), 464.

–, „Chemische Entdeckungen im Mineralreiche, gemacht zu Fahlun bei Schweden. Selenium ein neuer metallartiger Körper, Lithion ein neues Alkali, Thorina eine neue Erde", *Annalen der Physik* 59 (1818), 229–254 (= Berzelius, „Chemische Entdeckungen im Mineralreiche").

–, „Ein neues mineralisches Alkali und ein neues Metall", *Journal für Chemie und Physik* 21 (1818), 44–48 (= Berzelius, „Ein neues mineralisches Alkali und ein neues Metall").

–, „Über das Selenium", *Journal für Chemie und Physik* 21 (1818), 342–344 (= Berzelius, „Über das Selenium").

–, *Jakob Berzelius. Selbstbiographische Aufzeichnungen*, hg. von Henrik G. Söderbaum, übers. von Emilie Wöhler und Georg W. A. Kahlbaum, Leipzig: Johann Ambrosius Barth 1903 (= Berzelius, *Selbstbiographische Aufzeichnungen*).

–, *Brevväxeling mellan Berzelius och Johan Gottlieb Gahn (1804–1818)*, Uppsala: Almquist & Wiksells 1922.

Bexte, Peter, „Mit den Augen hören/mit den Ohren sehen. Raoul Hausmanns optophonetische Schnittmengen", in: Helmar Schramm/Ludger Schwarte/Jan Lazardzig (Hgg.), *Spuren der Avantgarde. Theatrum Anatomicum* (Theatrum Scientiarium 5), Berlin/New York: de Gruyter 2011, S. 426–442 (= Bexte, „Mit den Augen hören/mit den Ohren sehen").

Borck, Cornelius, „Sound Work and Visionary Prosthetics. Artistic Experiments in Raoul Hausmann", *Papers of Surrealism* 4 (2005), 1–25 (= Borck, „Sound Work").

Brinkmann, Walter, „Einrichtung zur Umsetzung farbiger Lichterscheinungen in Töne", Reichspatentamt, Patent Nr. 649628, 29. August 1930.

–, „Spektralfarben und Tonqualitäten", in: Georg Anschütz (Hg.), *Farbe-Ton-Forschung. Vorträge und Verhandlungen*, Bd. 3, Hamburg: Meißner 1931, S. 355–366.

Bruce, R. V., *Bell*, London: Gallancz 1973.

Burns, Russell W., *Communications. An International History of the Formative Years* (IET History of Technology Series 32), London: The Institution of Engineering and Technology 2004 (= Burns, *Communications*).

164 *Literaturverzeichnis*

–, *Television. An International History of the Formative Years* (IET History of Technology Series 22), London: The Institution of Engineering and Technology 2007 (= Burns, *Television*).

Canales, Jimena, *A Tenth of a Second. A History*, Chicago/London: University of Chicago Press 2009.

Carey, George R., „Seeing by Electricity", *Scientific American* 42/23 (1880), 355 (= Carey, „Seeing by Electricity").

Clark, Latimer/Bright, Charles, „Measurements of Electrical Quantities and Resistance", *The Electrician* 1 (1861), 3–4.

Crary, Jonathan, *Techniques of the Observer. On Vision and Modernity in the Nineteenth Century*, Cambridge/London: MIT Press 1992.

Deleuze, Gilles/Guattari, Félix, *Mille Plateaux. Capitalisme et Schizophrénie*, Paris: Éditions de Minuit 1980.

–, *Tausend Plateaus. Kapitalismus und Schizophrenie*, übers. von Gabriele Ricke/Ronald Voullié, Berlin: Merve 1992 (= Deleuze/Guattari, *Tausend Plateaus*).

–, *A Thousand Plateaus. Capitalism and Schizophrenia*, übers. von Brian Massumi, Minneapolis, London: University of Minnesota Press 2005.

DeMarinis, Paul, „Erased Dots and Rotten Dashes, or How to Wire Your Head for a Preservation", in: Erkki Huhtamo/Jussi Parikka (Hgg.), *Media Archaeology. Approaches, Applications, and Implications*, Berkeley/Los Angeles/London: University of California Press 2011, S. 211–238.

Dibner, Bern, *The Atlantic Cable*, Norwalk: Burndy Library 1959 (= Dibner, *The Atlantic Cable*).

Donguy, Jacques, „Machine Head. Raoul Hausmann and the Optophone", *Leonardo* 34/3 (2001), 217–220 (= Donguy, „Machine Head").

Dotzler, Bernhard J., „Computer und Fernsehen. Multimedialität nach Hermann Hollerith" in: Harro Segeberg (Hg.), *Die Medien und ihre Technik. Theorien. Modelle. Geschichte*, Marburg: Schüren 2004, S. 207–220.

Dotzler, Bernhard J./Roesler-Keilholz, Silke, *Mediengeschichte als historische Techno-Logie*, Baden-Baden: Nomos 2017.

Draper, Harry Napier, „Letters to the Editor", *Nature* 7/175 (1873), 340.

Draper, Harry Napier/Moss, Richard Jackson, „On Some Forms of Selenium and on the Influence of Light on the Electrical Conductivity of This Element", *Chemical News* 33/841 (1876), 1–2.

Dunlap, Orrin E., „A Fifty-Year Riddle. Inventor of Television Disk in 1884 Tells How He Thought of the Idea. He Applauds Latest Marvels", *New York Times*, 6. August 1933, X7.

Ellis, Paul F., „Static Pops Pictures Onto Paper", *Popular Science* 154/1 (1949), 156–160.

F., D., „Newspaper Science", *Nature* 6/134 (1872), 60.

Field, Henry M., *The Story of the Atlantic Telegraph*, New York: Charles Scribner's Sons 1898.

Fisher, David E./Fisher, Marshall, *Tube. The Invention of Television*, Washington D.C.: Counterpoint 1996 (= Fisher/Fisher, *Tube*).

Fritts, Charles E., „On a New Form of Selenium Cell, and Some Electrical Discoveries Made by Its Use", *American Journal of Science* 26/156 (1883), 465–472.

Galison, Peter, *Einsteins Uhren, Poincarés Karten. Die Arbeit an der Ordnung der Zeit*, übers. von Hans Günter Holl, Frankfurt am Main: S. Fischer 2003.

Gaycken, Oliver, „Seeing Seeing. Hermann von Helmholtz and the Invention of the Ophthalmoscope", in: John Fullerton/Astrid Söderbergh Widding (Hgg.), *Moving Images. From Edison to the Webcam* (Stockholm Studies in Cinema), Sidney: Libbey 2000, S. 29–37.

Geistbeck, Michael, *Weltverkehr. Die Entwicklung von Schiffahrt, Eisenbahn, Post und Telegraphie bis zum Ende des 19. Jahrhunderts*, Freiburg im Breisgau: Herdersche Verlagshandlung 1895.

Glazebrook, R. T./Hartshorn, L., „The B.A. standards of resistance, 1865–1932", *The London, Edinburgh, and Dublin Philosophical Magazine and Journal of Science* 14/92 (1932), 666–681.

Goebel, Gerhart, „Paul Nipkow. Versuch eines posthumen Interviews", *Fernseh-Rundschau* 8 (1960), 334–348.

–, „Aus der Geschichte des Fernsehens. Die ersten fünfzig Jahre", *Bosch Technische Berichte* 6/5/6 (1979), 211–235 (= Goebel, „Aus der Geschichte des Fernsehens").

Gropius, Walter, *Programm des Staatlichen Bauhauses in Weimar*, Weimar 1919.

Gruß, Melanie, *Synästhesie als Diskurs. Eine Sehnsuchts- und Denkfigur zwischen Kunst, Medien und Wissenschaft*, Bielefeld: transcript 2017.

Guarnieri, Massimo, „The Conquest of the Atlantic", *IEEE Industrial Electronics Magazine* 8/1 (2014), 53–67.

Hacking, Ian, *Representing and Intervening. Introductory Topics in the Philosophy of Natural Science*, Cambridge/London/New York/New Rochelle/Melbourne/Sidney: Cambridge University Press 1983.

–, *Einführung in die Philosophie der Naturwissenschaften*, Stuttgart: Reclam 1996 (= Hacking, *Einführung in die Philosophie der Naturwissenschaften*).

Hausmann, Raoul, „Optofonetika", *MA* 8/1 (1922), 3–4.

–, „Vom sprechenden Film zur Optophonetik", *G. Material zur elementaren Gestaltung* 1 (1923), 2–3 (= Hausmann, „Vom sprechenden Film zur Optophonetik").

–, „Optophonetik", in: ders., *Sieg, Triumph, Tabak mit Bohnen*, Bd. 2, Texte bis 1933, hg. von Michael Erlhoff, München: edition text + kritik 1982, S. 51–57 (= Hausmann, „Optophonetik").

–, „Die überzüchteten Künste. Die neuen Elemente der Malerei und Musik", in: ders., *Sieg, Triumph, Tabak mit Bohnen*, Bd. 2, Texte bis 1933, hg. von Michael Erlhoff, München: edition text + kritik 1982, S. 133–144 (= Hausmann, „Die überzüchteten Künste").

–, *Sieg, Triumph, Tabak mit Bohnen*, Bd. 2, Texte bis 1933, hg. von Michael Erlhoff, München: edition text + kritik 1982.

–, *Dada-Wissenschaft. Wissenschaftliche und technische Schriften*, hg. von Arndt Niebisch/Berlinische Galerie, Hamburg: Philo Fine Arts 2013 (= Hausmann, *Dada-Wissenschaft*).

Helmholtz, Hermann von, *Beschreibung eines Augen-Spiegels zur Untersuchung der Netzhaut im lebenden Auge*, Berlin: A. Förstner'sche Verlagsbuchhandlung 1851.

–, *Handbuch der physiologischen Optik*, Bd. IX, Allgemeine Encyklopädie der Physik, Leipzig: Leopold Voss 1867 (= Helmholtz, *Handbuch der physiologischen Optik*).

Hickethier, Knut, „Early TV. Imagining and Realising Television", in: Jonathan Bignell/Andreas Fickers (Hgg.), *A European History of Television*, Malden/Oxford/Victoria: Wiley-Blackwell 2008, S. 55–78.

Huhtamo, Erkki/Parikka, Jussi, „Introduction. An Archaeology of Media Archaeology", in: Erkki Huhtamo/Jussi Parikka (Hgg.), *Media Archaeology. Approaches, Applications, and Implications*, Berkeley/Los Angeles/London: University of California Press 2011, S. 1–21.

Hunt, Bruce J., „The Ohm Is Where the Art Is. British Telegraph Engineers and the Development of Electrical Standards", *Osiris* 9 (1994), 48–63 (= Hunt, „The Ohm Is Where the Art Is").

Ingold, Tim, „Bodies on the Run", in: ders., *Making. Anthropology, Archaeology, Art and Architecture*, London/New York: Routledge 2013, S. 91–108 (= Ingold, „Bodies on the Run").

–, „Eine Ökologie der Materialien", in: Susanne Witzgall/Kerstin Stakemeier (Hgg.), *Macht des Materials/Politik der Materialität*, Zürich: diaphanes 2014, S. 65–73 (= Ingold, „Eine Ökologie der Materialien").

Jenkin, Fleeming: „Electrical Standard", *Philosophical Magazine* 29/195 (1865), 248.

–, „Report on the New Unit of Electrical Resistance Proposed and Issued by the Committee on Electrical Standards Appointed in 1861 by the British Association", *Proceedings of the Royal Society of London* 14 (1865), 154–164.

–, „Submarine Telegraphy", *North British Review* 45 (1866), 241–265 (= Jenkin, „Submarine Telegraphy").

–, (Hg.), *Reports of the Committee on Electrical Standards. Appointed by the British Association for the Advancement of Science. Reprinted by Permission of the Council*, London/ New York: E. & F. N. Spon 1873 (= Jenkin, *Reports of the Committee on Electrical Standards*).

Kalischer, Salomon, „Photophon ohne Batterie", *Carls Repertorium für Experimentalphysik* 17 (1881), 563–570 (= Kalischer, „Photophon ohne Batterie").

–, „Ueber die Erregung einer electromotorischen Kraft durch das Licht und eine Nachwirkung desselben im Selen", *Annalen der Physik* 267/5 (1887), 101–108 (= Kalischer, „Über die Erregung einer electromotorischen Kraft").

Kassung, Christian/Kümmel-Schnur, Albert (Hgg.), *Bildtelegraphie. Eine Mediengeschichte in Patenten (1840–1930)*, Bielefeld: transcript 2012.

Kassung, Christian/Macho, Thomas, „Imaging Processes in Nineteenth Century Medicine and Science", in: Bruno Latour/Peter Weibel (Hgg.), *iconoclash. Beyond the Image Wars in Science, Religion, and Art*, Karlsruhe/Cambridge/ London: ZKM/MIT Press 2002, S. 336–347.

Kassung, Christian/Macho, Thomas (Hgg.), *Kulturtechniken der Synchronisation*, München: Fink 2013.

Kern, Stephen, *The Culture of Time and Space 1880–1918*, Cambridge: Harvard University Press 1983.

Kiefer, David M., „Sulphuric Acid. Pumping up the Volume", *Today's Chemist at Work* 10/9 (2001), 57–58.

Klein, Ursula/Spary, Emma C., „Introduction. Why Materials?", in: Ursula Klein/Emma C. Spary (Hgg.), *Materials and Expertise in Early Modern Europe. Between Market and Laboratory*, Chicago: University of Chicago Press 2010, S. 1–23 (= Klein/Spary, „Introduction").

Klein, Ursula/Spary, Emma C. (Hgg.), *Materials and Expertise in Early Modern Europe. Between Market and Laboratory*, Chicago: University of Chicago Press 2010.

Knorr-Cetina, Karin, *The Manufacture of Knowledge. An Essay on the Constructivist and Contextual Nature of Science*, Oxford/New York/Toronto/Sidney/Paris/Frankfurt: Pergamon Press 1981.

Kollatz, C. W., „Uebermittlung der Sprache durch das Licht (Phototelephonie)", *Zeitschrift für Feinmechanik* 28/2 (1920), 11.

–, „Das Optophon nach Barr & Stroud", *Zeitschrift für Feinmechanik* 29/10 (1921), 78.

Korn, Arthur, *Bildtelegraphie*, Berlin: Walter de Gruyter 1923 (= Korn, *Bildtelegraphie*).

–, *Elektrisches Fernsehen*, Berlin: Verlag Otto Salle 1930 (= Korn, *Elektrisches Fernsehen*).

Korn, Arthur/Glatzel, Bruno, *Handbuch der Phototelegraphie und Teleautographie*, Leipzig: Otto Nemnich Verlag 1911 (= Korn/Glatzel, *Handbuch der Phototelegraphie*).

Langer, Nicholas, „Television. An Account of the Work of D. Mihaly (Concluded from previous issue)", *The Wireless World and Radio Review* (1924), 794–796.

Latour, Bruno/Woolgar, Steve, *Laboratory Life. The Social Construction of Scientific Facts*, Beverley Hills: Sage 1979.

Liesegang, Raphael Eduard, *Beiträge zum Problem des elektrischen Fernsehens*, 2. Aufl., Düsseldorf: Liesegang 1899 (= Liesegang, *Beiträge zum Problem des elektrischen Fernsehens*).

Lista, Marcella, „Raoul Hausmann's Optophone. Universal Language and the Intermedia", in: Leah Dickerman/Matthew S. Witkovski (Hgg.), *The Dada Seminars*, Washington, D.C.: National Gallery of Art 2005, S. 83–102.

Magoun, Alexander B., *Television. The Life Story of a Technology*, Westport: Greenwood Press 2007.

Maxwell, James Clerk, „On a Method of Making a Direct Comparison of Electrostatic with Electromagnetic Force; With a Note on the Electromagnetic Theory of Light", *Philosophical Transactions of the Royal Society of London* 158 (1868), 643–657.

McLuhan, Marshall, *Die magischen Kanäle. Understanding Media*, Düsseldorf/Wien/New York/Moskau: ECON Verlag 1992 (= McLuhan, *Die magischen Kanäle*).

Mihály, Dénes von, *Das elektrische Fernsehen und das Telehor*, Berlin: Krayn 1923.

Moholy-Nagy, László, „Produktion – Reproduktion", *De Stijl* 5/7 (1922), 98–101 (= Moholy-Nagy, „Produktion – Reproduktion").

–, *Malerei, Photographie, Film*, 1. Aufl., München: Albert Langen Verlag 1925.

–, *Malerei, Fotografie, Film*, 2. Aufl., München: Albert Langen Verlag 1927 (= Moholy-Nagy, *Malerei, Fotografie, Film*).

Niebisch, Arndt, „Einleitung", in: Raoul Hausmann, *Dada-Wissenschaft. Wissenschaftliche und technische Schriften*, hg. von Arndt Niebisch/Berlinische Galerie, Hamburg: Philo Fine Arts 2013, S. 17–68 (= Niebisch, „Einleitung").

–, „Ether Machines. Raoul Hausmann's Optophonetic Media", in: Anthony Enns/Shelly Trower (Hgg.), *Vibratory Modernism*, Basingstoke/New York: Palgrave Macmillan 2013, S. 162–176.

Nipkow, Paul, „Elektrisches Teleskop". Kaiserliches Patentamt, Patentschrift No. 30105, 6. Januar 1884.

–, „Der Telephotograph und das elektrische Teleskop", *Elektrotechnische Zeitschrift* 6 (1885), 419–425 (= Nipkow, „Der Telephotograph und das elektrische Teleskop").

Nowotny, Helga, *Eigenzeit. Entstehung und Strukturierung eines Zeitgefühls*, Frankfurt am Main: Suhrkamp 1993.

O.A., „Artificial Eyes Made Sensitive to Light", *Scientific American* 34/19 (1876), 289.

O.A., „Ein neues Verfahren zur Herstellung sprechender Filme", *Zeitschrift für Feinmechanik* 29/18 (1921), 137–138.

O.A., „Intelligence and miscellaneous articles", *Philosophical Magazine* 57/275 (1821), 228–232.

O.A., „Notes", *Nature* 8/183 (1873), 12–14.

O.A., „Physical Notes", *Nature* 21/546 (1880), 575–576 (= „Physical Notes").

O.A., „Programm der Bauhausausstellung", Landesarchiv Thüringen – Hauptstaatsarchiv Weimar, Staatliches Bauhaus Weimar, Nr. 29, ohne Datum.

O.A., *Report of the Joint Committee Appointed by the Lords of the Committee of Privy Council for Trade and the Atlantic Telegraph Company to Inquire Into the Construction of Submarine Telegraph Cables. Together With the Minutes of Evidence and Appendix*, London: G.E. Eyre and W. Spottiswoode 1861 (= *Report of the Joint Committee*).

O.A., „Seeing by Electricity", *Nature* 23/592 (1881), 423–424 (= „Seeing by Electricity", 1881).

O.A., „Sending Photographs by Telegraph", *New York Times*, 24. Februar 1907.

O.A., „Siemens' elektrisches Photometer", *Polytechnisches Journal* 217 (1875), 61–63.

Parikka, Jussi, *A Geology of Media*, Minneapolis/London: University of Minnesota Press 2015 (= Parikka, *Geology of Media*).

–, (Hg.), *Medianatures. The Materiality of Information Technology and Electronic Waste*, Living Books About Life, London: Open Humanities Press 2011.

Parsons, Lawrence, Earl of Rosse, „On the Electric Resistance of Selenium", *Philosophical Magazine* 47/311 (1874), 161–164 (= Parsons, „On the Electric Resistance of Selenium").

Parsons, Patrick R., *Blue Skies. A History of Cable Television*, Philadelphia: Temple University Press 2008.

Phillips, Samuel E., „On a simple method of constructing high electrical resistance", *Philosophical Magazine* 40/264 (1870), 41.

Pickering, Andrew, *The Mangle of Practice. Time, Agency, and Science*, Chicago/London: University of Chicago Press 1995 (= Pickering, *The Mangle of Practice*).

Pleßner, Maximilian, *Die Zukunft des elektrischen Fernsehens, Bd. 1: Ein Blick auf die großen Erfindungen des zwanzigsten Jahrhunderts*, Berlin: Ferd. Dümmlers Verlagsbuchhandlung 1892 (= Pleßner, *Die Zukunft des elektrischen Fernsehens*).

Raatschen, Heinrich, *Die technische und kulturelle Erfindung des Fernsehens in den Jahren 1877–1882*, Dissertation, Heinrich-Heine-Universität Düsseldorf 2005 (= Raatschen, *Die technische und kulturelle Erfindung des Fernsehens*).

Redmond, Denis D., „An Electric Telescope", *English Mechanic and World of Science* 28 (1879), 540 (= Redmond, „An Electric Telescope").

Rheinberger, Hans-Jörg, *Experiment, Differenz, Schrift. Zur Geschichte epistemischer Dinge*, Marburg an der Lahn: Basilisken-Presse 1992 (= Rheinberger, *Experiment, Differenz, Schrift*).

–, *Experimentalsysteme und epistemische Dinge*, Frankfurt am Main: Suhrkamp 2006 (= Rheinberger, *Experimentalsysteme und epistemische Dinge*).

Richardson, Thomas/Watts, Henry, *Chemical Technology. Or Chemistry in its Applications to the Arts and Manufactures, Bd. 1, Part III: Acids, Alkalies, and Salts*, London: H. Baillière 1863.

Rieger, Stefan, „Licht und Mensch. Eine Geschichte der Wandlungen", in: Lorenz Engell/Bernhard Siegert/Joseph Vogl (Hgg.), *Licht und Leitung* (Archiv für Mediengeschichte 2), Weimar: Universitätsverlag Weimar 2002, S. 61–71.

Ries, Christoph, *Sehende Maschinen. Eine kurze Abhandlung über die geheimnisvollen Eigenschaften der lichtempfindlichen Stoffe und die staunenswerten Leistungen der sehenden Maschinen*, Diessen vor München: Jos. C. Hubers Verlag 1916.

–, *Die Blindenlesemaschine von Finzenhagen und Ries*, Diessen vor München: Jos. C. Hubers Verlag 1916.

–, „Lichthörer und Blindenlesemaschine", *Zeitschrift für Feinmechanik* 24/18 (1916), 171–173 (= Ries, „Lichthörer und Blindenlesemaschine").

–, *Das Selen*, Diessen vor München: Jos. C. Hubers Verlag 1918 (= Ries, *Das Selen*).

Ruhmer, Ernst, *Das Selen und seine Bedeutung für die Elektrotechnik mit besonderer Berücksichtigung der drahtlosen Telephonie*, Berlin: Verlag der Administration der Fachzeitschrift Der Mechaniker 1902 (= Ruhmer, *Das Selen*).

Sale, R.E., „Letters to the Editor", *Nature* 7/175 (1873), 340.

–, „The Action of Light on the Electrical Resistance of Selenium", *Proceedings of the Royal Society of London* 21/144 (1873), 283–285.

Sawyer, William Edward, „Improvement in Automatic and Autographic Telegraphs and Circuits", United States Patent Office, Patent No. 159460, 2. Februar 1875.

–, „Improvement in Autographic Telegraph-Transmitters", United States Patent Office, Patent No. 195236, 18. September 1877 (= Sawyer, „Improvement in Autographic Telegraph-Transmitters").

–, „Improvement in Autographic-Telegraph Instruments", United States Patent Office, Patent No. 196832, 6. November 1877.

–, „Seeing by Electricity", *Scientific American* 42/24 (1880), 373 (= Sawyer, „Seeing by Electricity").

Schaffer, Simon, „Accurate Measurement is an English Science", in: M. Norton Wise (Hg.), *The Values of Precision*, Princeton: Princeton University Press 1995, S. 135–172.

–, „Late Victorian Metrology and Its Instrumentation. A Manufactory of Ohms", in: Mario Biagioli (Hg.), *The Science Studies Reader*, New York/London: Routledge 1999, S. 457–478.

Schmidgen, Henning, *Hirn und Zeit. Geschichte eines Experiments 1800–1950*, Berlin: Matthes & Seitz 2014 (= Schmidgen, *Hirn und Zeit*).

–, „Das Bewegungsbild nach Duchamp", in: ders, *Forschungsmaschinen*, Berlin: Matthes & Seitz 2017, S. 149–187.

–, *Horn oder Die Gegenseite der Medien*, Berlin: Matthes & Seitz 2018.

Schröter, Fritz, *Handbuch der Bildtelegraphie und des Fernsehens. Grundlagen, Entwicklungsziele und Grenzen der elektrischen Bildfernübertragung*, Berlin: Julius Springer 1932.

Schubin, Mark, „What Sparked Video Research in 1877? The Overlooked Role of the Siemens Artificial Eye", *Proceedings of the IEEE* 105/3 (2017), 568–576 (= Schubin, „What Sparked Video Research in 1877?").

Shapin, Steven/Schaffer, Simon, *Leviathan and the Air-Pump. Hobbes, Boyle, and the Experimental Life*, Princeton: Princeton University Press 1985.

Shiers, George, „Early Schemes for Television", *IEEE Spectrum* 7/5 (1970), 24–34 (= Shiers, „Early Schemes for Television").

–, *Early Television. A Bibliographical Guide to 1940*, hg. von Diana Menkes, New York/London: Garland Publishing 1997 (= Shiers, *Early Television*).

Siemens, Charles William, „The Action of Light on Selenium", *Journal of the Royal Institution of Great Britain* 8 (1876), 68–79 (= Siemens, „The Action of Light on Selenium").

Siemens, Werner, „Ueber den Einfluss der Beleuchtung auf die Leitungsfähigkeit des krystallinischen Selens. Vorläufige Mittheilung", *Annalen der Physik und Chemie* 232/10 (1875), 334–335.

–, „Ueber die Abhängigkeit der elektrischen Leitungsfähigkeit des Selens von Wärme und Licht", *Annalen der Physik und Chemie* 235/9 (1876), 117–141 (= Siemens, „Abhängigkeit der elektrischen Leitungsfähigkeit des Selens von Wärme und Licht").

–, „Ueber die Abhängigkeit der electrischen Leitungsfähigkeit des Selens von Wärme und Licht", *Annalen der Physik und Chemie* 238/12 (1877), 521–550 (= Siemens, „Ueber die Abhängigkeit der electrischen Leitungsfähigkeit des Selens von Wärme und Licht").

–, „Über die von Hrn. Fritts in New York entdeckte elektromotorische Wirkung des beleuchteten Selens", *Sitzungsberichte der Königlich Preussischen Akademie der Wissenschaften zu Berlin* (1885), 147–148 (= Siemens, „Über die von Hrn. Fritts").

–, „Mitteilung", *Sitzungsberichte der Königlich Preussischen Akademie der Wissenschaften zu Berlin* (1885), 417.

Simon, Helmut/Suhrmann, Rudolf, *Lichtelektrische Zellen und ihre Anwendung*, Berlin: Verlag von Julius Springer 1932.

Smith, Willoughby, „The Action of Light on Selenium", *Journal of the Society of Telegraph Engineers* 2/4 (1873), 31–33 (= Smith, „The Action of Light on Selenium").

–, „Effect of Light on Selenium During the Passage of An Electric Current", *Nature* 7/173 (1873), 303.

–, „Letters to the Editor", *Nature* 7/176 (1873), 361.

–, „Letter to the Secretary of the Society of Telegraph Engineers", *Journal of the Society of Telegraph Engineers* 5/13.14 (1876), 184 (= Smith, „Letter to the Secretary").

–, *Selenium. Its Electrical Qualities and the Effect of Light Thereon*, London: Hayman Brothers 1877 (= Smith, *Selenium*).

–, *The Rise and Extension of Submarine Telegraphy*, London: J. S. Virtue & Co. 1891 (= Smith, *The Rise and Extension of Submarine Telegraphy*).

Stiegler, Bernd, „Raoul Hausmanns Theorie der Optophonetik und die Erneuerung der menschlichen Wahrnehmung durch die Kunst", *Hofmannsthal Jahrbuch* 10 (2002), 327–356 (= Stiegler, „Raoul Hausmanns Theorie der Optophonetik").

Stöckhardt, Julius Adolph, *Die Schule der Chemie. Oder Erster Unterricht in der Chemie, versinnlicht durch einfache Experimente. Zum Schulgebrauch und zur Selbstbelehrung, insbesondere für angehende Apotheker, Landwirthe, Gewerbetreibende*, Braunschweig: Vieweg 1852.

Strube, Wilhelm, *Der Historische Weg der Chemie, Bd. 2: Von der industriellen Revolution bis zum Beginn des 20. Jahrhunderts*, Leipzig: Dt. Verl. für Grundstoffindustrie 1986 (= Strube, *Der Historische Weg der Chemie*).

Thomson, William, „Electric Telegraph", in: *The Encyclopaedia Britannica, Or Dictionary of Arts, Sciences, and General Literature: T–Z*, London: Black 1860, S. 94–116 (= Thomson, „Electric Telegraph").

Trofast, Jan, „Berzelius' Discovery of Selenium", *Chemistry International* 33/5, 16–19 (= Trofast, „Berzelius' Discovery of Selenium").

Uljanin, W. von, „Ueber die bei der Beleuchtung entstehende electromotorische Kraft im Selen", *Annalen der Physik und Chemie* 270/6 (1888), 241–273.

Vöhringer, Margarete, „Der Augenspiegel. Sehen und Gesehen werden im 19. Jahrhundert", in: Beate Ochsner/Robert Stock (Hgg.), *senseAbility. Mediale Praktiken des Sehens und Hörens*, Bielefeld: transcript 2016, S. 45–58.

Walsh, John W. T., „Preface", in: George P. Barnard, *The Selenium Cell. Its Properties and Applications*, London: Constable & Company 1930, S. vii (= Walsh, „Preface").

Weber, Wilhelm, „Messungen galvanischer Leitungswiderstände nach einem absoluten Maasse", *Annalen der Physik* 158/3 (1851), 337–369.

Weitemeier, Hannah, *Licht-Visionen. Ein Experiment von Moholy-Nagy*, Berlin: Bauhaus-Archiv Berlin 1972.

Wheatstone, Charles, „An Account of Several New Instruments and Processes for Determining the Constants of a Voltaic Circuit", *Philosophical Transactions of the Royal Society of London* 133 (1843), 303–327.

Wingler, Hans Maria, *Das Bauhaus. 1919–1933 Weimar Dessau Berlin und die Nachfolge in Chicago seit 1937*, Bramsche: Rasch 1968.

Zielinski, Siegfried, *Audiovisionen. Kino und Fernsehen als Zwischenspiele in der Geschichte*, Reinbek bei Hamburg: Rowohlt 1989.

–, *Archäologie der Medien. Zur Tiefenzeit des technischen Sehens und Hörens*, Reinbek bei Hamburg: Rowohlt 2002.

Zons, Julia, *Casellis Pantelegraph. Geschichte eines vergessenen Mediums*, Bielefeld: transcript 2015.

Zworykin, Vladimir Kosma, „Television System", United States Patent Office, Patent No. 2141059, 20. Dezember 1938.

Zworykin, Vladimir Kosma/Wilson, Earl DeWitt, *Photocells and their Application*, New York: John Wiley & Sons 1932 (= Zworykin/Wilson, *Photocells and their Application*).

Bildquellen

Abb. 1: Mark Schubin, „What Sparked Video Research in 1877? The Overlooked Role of the Siemens Artificial Eye", *Proceedings of the IEEE* 105/3 (2017), 568–576, hier S. 572.

Abb. 2: Fleeming Jenkin (Hg.), *Reports of the Committee on Electrical Standards. Appointed by the British Association for the Advancement of Science. Reprinted by Permission of the Council*, London, New York: E. & F. N. Spon 1873, S. 235.

Abb. 3: Charles William Siemens, „The Action of Light on Selenium", *Journal of the Royal Institution of Great Britain* 8 (1876), 68–79, hier S. 78.

Abb. 4: Alexander Graham Bell, „Upon the Production and Reproduction of Sound by Light", *Journal of the Society of Telegraph Engineers* 9/34 (1880), 404–426, hier S. 421.

Abb. 5: Gerhart Goebel, „Aus der Geschichte des Fernsehens. Die ersten fünfzig Jahre", *Bosch Technische Berichte* 6/5/6 (1979), 211–235, hier S. 214.

Abb. 6: Dénes von Mihály, *Das elektrische Fernsehen und das Telehor*, Berlin: Krayn 1923, S. 21.

Abb. 7: Archiv der *Stiftung Deutsches Technikmuseum*, Abteilung I.2 Firmenarchive, AEG-Telefunken, Fotosammlung (I.2.060 FS), Nr. 127-4-61: Nipkow-Lochscheibe, Keimzelle der Idee zum mechanischen Fernsehen 1884, https://goo.gl/fgWf4i (letzter Abruf 15. November 2017), Abbildung bearbeitet durch JH.

Abb. 8: *The Virtual Laboratory* (http://vlp.uni-regensburg.de), Anonymous. 1892. Harvard Psychological Laboratory in Dane Hall: Instruments for Experiments on Sight. Photograph, Harvard University Archives – HUPSF Psychological Laboratories (7), https://goo.gl/SpDDaK (letzter Abruf 15. November 2017).

Abb. 9: George P. Barnard, *The Selenium Cell. Its Properties and Applications*, London: Constable & Company 1930, S. 242.

Abb. 10: Christoph Ries, „Lichthörer und Blindenlesemaschine", *Zeitschrift für Feinmechanik* 24/18 (1916), 171–173, hier S. 171.

Register